Rudolf Strauss

Das Löten für den Praktiker

Beherzenswerte Regeln für den Anfänger – nützliches Grundwissen für den Profi

Mit 63 Abbildungen

FRANZIS-VERLAG MÜNCHEN

CIP-Kurztitelaufnahme der Deutschen Bibliothek

Strauss, Rudolf.
Das Löten für den Praktiker: beherzenswerte Regeln für d. Anfänger, nützl. Grundwissen für d. Profi / Rudolf Strauss. – München: Franzis-Verlag, 1978.
([RPB-Elektronik-Taschenbücher] RPB-electronic-Taschenbücher; Nr. 112)
ISBN 3-7723-1121-0

1978

Franzis-Verlag GmbH, München

Druck: Franzis-Druck GmbH, Karlstraße 35, 8000 München 2
Printed in Germany. Imprimé en Allemagne.

ISBN 3-7723-1121-0

Vorwort

"Kinder betet, der Vater lötet", so lautet ein alter Spruch. Andererseits, sieht man einem erfahrenen Werkmeister beim Löten zu, so sieht das Ganze so verlockend einfach und selbstverständlich aus. Die Wahrheit, die sich hinter diesem Widerspruch verbirgt, ist wohl die:

Wer sein Handwerk von Grund auf beherrscht, dem hilft die jahrelange Vertrautheit mit dem praktischen Löten, das Richtige zu tun, auch wenn er sich über die wissenschaftlichen Grundlagen seiner Kunst gar nicht ganz im Klaren ist. Wer aber nur ab und zu in der Freizeit, wenn auch vielleicht regelmäßig, zum Lötkolben greift, kann leicht Fehler machen, verliert unnötig viel Zeit, oder bringt mitunter überhaupt keine Lötung zustande. Die Schwierigkeit ist nicht nur sein Mangel an Übung, sondern auch das fehlende Verständnis. Ihm, wie jedem selbständig denkenden Menschen vom Alter von drei Jahren ab, ist viel damit geholfen wenn man nicht nur vorschreibt "So wird's gemacht", sondern wenn man auch erklärt, warum es am Besten so gemacht werden sollte. Den Bastler, der zu löten hat, nicht nur mit den praktischen Regeln zum erfolgreichen Arbeiten vertraut machen, sondern ihm auch die Gründe für diese Regeln zu erklären, ist die Aufgabe dieses Buches.

Wichtiger Hinweis

Die in diesem Buch wiedergegebenen Schaltungen und Verfahren werden ohne Rücksicht auf die Patentlage mitgeteilt. Sie sind ausschließlich für Amateur- und Lehrzwecke bestimmt und dürfen nicht gewerblich genutzt werden*).

Alle Schaltungen und technischen Angaben in diesem Buch wurden vom Autor mit größter Sorgfalt erarbeitet bzw. zusammengestellt und unter Einschaltung wirksamer Kontrollmaßnahmen reproduziert. Trotzdem sind Fehler nicht ganz auszuschließen. Der Verlag sieht sich deshalb gezwungen, darauf hinzuweisen, daß er weder eine Garantie noch die juristische Verantwortung oder irgendeine Haftung für Folgen, die auf fehlerhafte Angaben zurückgehen, übernehmen kann. Für die Mitteilung eventueller Fehler sind Autor und Verlag jederzeit dankbar.

---

*) Bei gewerblicher Nutzung ist vorher die Genehmigung des möglichen Lizenzinhabers einzuholen.

Inhalt

1 Grundlagen und Vorbedingungen für die gute Lötung

1.1 Die Natur einer gelöteten Verbindung

Das Löten ist eine der verschiedenen Methoden, mit denen man metallische Teile miteinander verbinden kann. Bei den sogenannten mechanischen Verbindungsmethoden besorgt ein meist metallisches Verbindungsglied die gegenseitige Verankerung. Schrauben, Nieten oder Keile sind Beispiele solcher Verbindungen, die meistens auch ohne Schwierigkeit wieder gelöst werden können.

Im Gegensatz dazu stehen die metallurgischen Verbindungen. Die metallurgische Verbindung hat gewissermaßen den Zweck, aus zwei Metallstücken eines zu machen. Schweißen und Löten sind die zwei bekanntesten Methoden, derartige Verbindungen herzustellen. Beide sind uralte Künste; die Schmiede und Juweliere der ältesten Kulturen beherrschten beide Techniken mit beinahe rätselhafter Geschicklichkeit. Das alte Hammerschweißen, das auch heute noch in verschiedenen Abarten besteht, ist in der modernen Technik durch das Flammen- und das Lichtbogenschweißen abgelöst worden. Schweißen verlangt, daß die beiden Verbindungspartner an der Berührungsstelle bis zu ihrem Schmelzpunkt erhitzt werden. Mit dieser Technik befassen wir uns hier nicht.

Beim Löten wird die Fuge zwischen den Verbindungspartnern mit einem Metall oder einer Legierung gefüllt, deren Schmelzpunkt meistens weit unter dem der Teile liegt, die es zu verbinden gilt.

Vom Löten selbst gibt es zwei Arten: Beim Hartlöten einerseits verwendet man Legierungen von Kupfer und Zink, die oft auch noch Silber und Kadmium enthalten. Die Schmelzpunkte der Hartlote liegen ungefähr zwischen 600° und 900°. Zum Hartlöten müssen die zu verbindenden Teile bis zur Rotglut erhitzt werden, und schon allein aus diesem Grund kommt diese Technik, die allerdings weitaus stärkere Lötstellen gibt als das

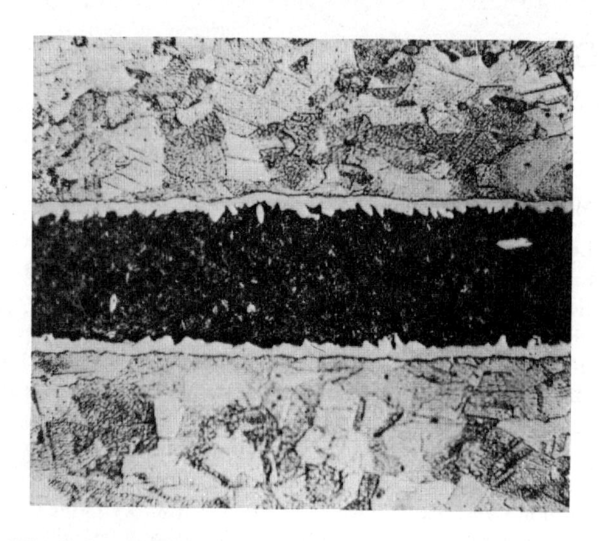

1.1 Mikrogefüge einer gelöteten Verbindung im Querschnitt.
Schichten von oben nach unten:

Kupfer
Kupfer-Zinn Mischkristall
Lot
Kupfer-Zinn Mischkristall
Kupfer
Vergrößerung: x 250

(Mit freundlicher Genehmigung des International Tin Research Institute)

Weichlöten, für den Elektrotechniker, dem es hauptsächlich auf die Herstellung von elektrisch leitenden Verbindungen ankommt, nicht in Frage.

Das Weichlöten, welches uns hier beschäftigt, benützt hauptsächlich Legierungen von Blei und Zinn zum Füllen der Lötfuge. Bei allen metallurgischen Verbindungen ist es wichtig, daß das Füllmetall, also hier das Lot, nicht einfach an der zu lötenden Oberfläche als Fremdkörper klebt. Es muß sich mit dieser Oberfläche vereinigen, indem es ein wenig von dem zu lötenden Metall in sich auflöst, oder mit diesem Metall eine Verbindung eingeht, d.h. einen sogenannten Mischkristall bildet. Im Falle der Blei-Zinn Lote ist es das Zinn, welches dabei die lösende oder mischkristall-bildende Rolle spielt. Das Blei dient dazu, das Lot flüssiger und auch mechanisch stärker zu machen (siehe Kapitel 1.2). Außerdem ist Blei auch billiger, denn Zinn kostet beinahe zwanzigmal so viel. *Abb. 1.1* zeigt eine Mikroskopaufnahme des Querschnittes durch eine gelötete Verbindung zwischen zwei Kupferteilen. Die Mischkristallschichten, die sich zwischen Lot und Kupfer gebildet haben, sind deutlich sichtbar.

Wichtig ist, sich darüber klar zu sein, daß eine gelötete Verbindung aus fünf Schichten besteht:

Grundmetall
Mischkristallschicht
Lot
Mischkristallschicht
Grundmetall

Die uneinheitliche, vielschichtige Natur der Lötverbindung erklärt ihr mechanisches Verhalten. Mischkristallschichten sind spröde und haben nur eine geringe Verformungsfestigkeit. Das bedeutet, daß die "Aufrollfestigkeit" oder "Schälfestigkeit" einer Lötstelle sehr niedrig ist. Wäre sie es nicht, so wären Sardinendosen noch schwerer zu öffnen als sie es mitunter sowieso schon sind. Auf jeden Fall, beim Zurückrollen des Dosendeckels bricht die Lötfuge in der Mischkristallschicht (in diesem Fall eine Zinn-Eisen-Verbindung) auf, und diese Verbindung bildet die matt-weißgraue Oberfläche, die man an der frisch geöffneten Dosennaht sieht.

Die Festigkeit einer Lötstelle hängt in erster Linie von der Art der Belastung ab, die sie auszuhalten hat (siehe *Abb. 1.2)*. Bei der Schälbelastung konzentriert sich die Spannung an der Ansatzstelle der Lötfuge (Kerbeffekt), während der Rest der Lötstelle nicht mithilft, der Belastung Stand zu halten. Das gilt zwar nur, wenn einer der Verbindungspartner biegsam und nicht starr ist. Unter Scher- oder reinen Zugbelastungen sind Lötverbindungen viel stärker, weil hier die ganze Verbindungsoberfläche zur Belastungsaufnahme beiträgt. Über diese Tatsachen muß sich jeder Konstrukteur oder Bastler, der Lötverbindungen als Konstruktionselemente benutzt, im Klaren sein. (Siehe auch Kapitel 2.8.)

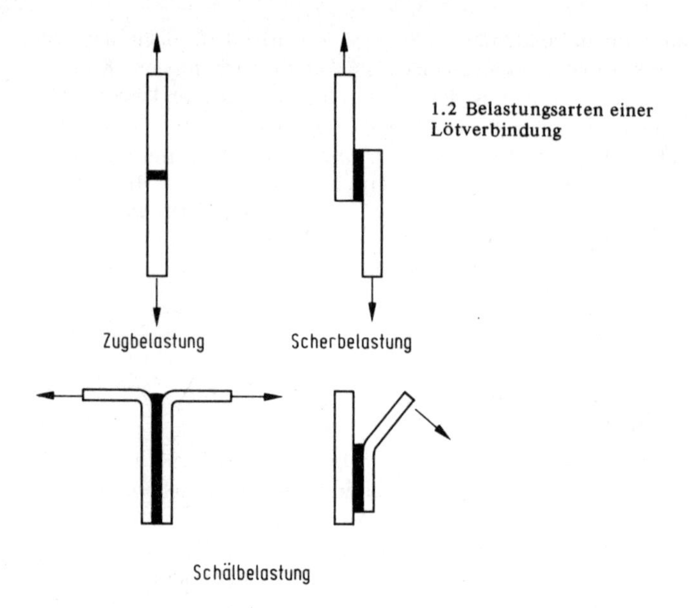

1.2 Belastungsarten einer Lötverbindung

Es gibt noch einige weitere Faktoren, die die Festigkeit einer Lötstelle beeinflussen, aber hier ist nicht der Platz, darauf einzugehen. Abschließend soll nur noch gesagt werden, daß im Allgemeinen die Zug- und Scherfestigkeit einer Lötstelle von der Spaltweite abhängen. Der Grund dafür wird im Kap. 1.3 klar werden.

Merksatz:
Lot ist mehr als ein Klebstoff: Es verschmilzt mit dem Grundmetall und macht aus zwei Metallstücken eines.
Gelötete Verbindungen halten Scher- und Zugbelastungen besser aus als das Auseinanderschälen (Sardinen-Dosen-Effekt).

1.2 Das Schmelzverhalten der Blei-Zinnlote

Von wenigen Ausnahmen abgesehen, gelingt eine gute Lötung nur, wenn das Lot völlig geschmolzen ist. Deshalb ist es wichtig zu verstehen, was es mit dem Schmelzen von Legierungen wie Blei-Zinnloten auf sich hat. Dazu gehört auch ein gewisses Verständnis der eigentlichen Natur der Festkörper, und wir müssen hier etwas auf die Grundbegriffe zurückgreifen.

Zuerst soll klar gestellt werden, daß, wenn in diesem Kapitel von einem "Metall" die Rede ist, das reine chemische Element gemeint ist, wie z.B. Blei, Zinn, Kupfer, Eisen usw. Eine "Legierung" dagegen ist eine Mischung von zwei oder mehr Metallen, wie es z.B. die Lote sind, oder wie Messing, eine Legierung von Kupfer und Zink.

Im festen Zustand sind alle Metalle und Legierungen kristallinischer Natur. Das bedeutet, ihre kleinsten Bauteile, die uns hier interessieren, die Atome, sind in einem ganz regelmäßigen Muster zueinander angeordnet und gegenseitig verankert. Die innere Struktur der Atome bedingt die Anordnung und das Muster, oder das Kristallgitter, wie es der Physiker nennt, in dem sie sich aneinander einhaken können und die Kraft, die sie in dieser Bindung festhält.

Bei mechanischer Belastung kann es nun so weit kommen, daß die Stärke der gegenseitigen Verankerung überschritten wird. Das Gefüge kommt ins Gleiten oder es bilden sich Risse, je nach Art des Kristallgitters. Bei der Erwärmung, d.h. bei thermischer Belastung, treten ähnliche Kräfte auf. Je nach der Temperatur eines Festkörpers vibrieren die einzelnen Atome um ihre Ruhestellung mehr oder weniger stark. Erst bei der absoluten Nulltemperatur (minus 273°) hört diese Vibration auf.

Andererseits, wird die Temperatur höher und höher getrieben, so wird die Stärke der gegenseitigen Verankerung bei einer gewissen Intensität der Vibration überschritten und das regelmäßige Muster des Kristallgitters zerfließt: Der Festkörper fängt an zu schmelzen. Die einzelnen Atome können nun Ort und Nachbarn wechseln, doch sind ihre gegenseitigen Anziehungskräfte immer noch stark genug, sie ständig miteinander verbunden zu halten, so daß ihr durchschnittlicher gegenseitiger Abstand nicht viel größer wird als es im Festkörper der Fall war. Die Kräfte zwischen den Atomen einer Flüssigkeit spielen eine entscheidende Rolle in den Erscheinungen der Oberflächenspannung und der Benetzung, die für das Löten von ausschlaggebender Bedeutung sind (siehe Kapitel 1.5).

Bei noch höherer Erwärmung wird schließlich ein Punkt erreicht, wo auch diese Kräfte der immer stärker werdenden Vibration nicht mehr Stand halten. Einzelne Atome entfernen sich von ihren Nachbarn so weit, daß die gegenseitige Anziehungskraft nicht mehr wirken kann, so daß sie als unabhängige freie Körper sich von ihnen entfernen: Die Flüssigkeit hat damit begonnen zu verdampfen.

Es muß betont werden, daß es sich bei den Ausführungen in diesem Kapitel um Vereinfachungen handelt, die der Anschaulichkeit dienen. Der wirkliche Sachverhalt, soweit er der heutigen Physik zugänglich ist, ist komplizierterer Natur. Jedoch kann gesagt werden, daß für die Vorgänge, die hier interessieren, das benützte physikalische Modell eine hinreichende und in sich geschlossene Erklärung ermöglicht, die man als ein "Als ob" wohl gelten lassen kann.

Um jedoch auf das Schmelzen zurückzukommen: Bei einem reinen Metall befinden sich alle anwesenden Atome unter ihresgleichen. Überall im ganzen Kristallverband halten sie mit der selben Kraft aneinander fest, und bei derselben Temperatur lassen sie dann los.

Daher hat ein reines Metall einen festen, wohl definierten Schmelzpunkt. Beim Abkühlen des geschmolzenen Metalles tritt bei derselben Temperatur der Punkt ein, wo die Atome, die sich in der Schmelze frei bewegen, sich an ihren Nachbarn ordnungsgemäß einhaken können. Damit ist der Erstarrungspunkt erreicht, an welchem sich feste Kristalle in der Schmelze

Schmelzpunktliste einiger Metalle

Quecksilber	– 39°
Zinn	232°
Blei	327°
Zink	419°
Antimon	630°
Aluminium	660°
Silber	960°
Kupfer	1083°
Eisen	1530°
Wolfram	3410°

bilden: Erstarrungs- und Schmelzpunkt sind miteinander identisch.

Grob gesehen ist die Höhe des Schmelzpunktes ein Maß der Kraft, welche die Atome aneinander bindet, und so haben Metalle mit höheren Schmelzpunkten im allgemeinen auch eine höhere Festigkeit.

Im Gegensatz zu reinen Metallen haben Legierungen keinen scharfen Schmelzpunkt, sondern ein Schmelzintervall. Bei Zwei-Komponenten Systemen wie den Blei-Zinnlegierungen, zu denen die Lote gehören, läßt sich das Schmelzverhalten der ganzen Legierungsreihe vom reinen Blei bis zum reinen Zinn sehr übersichtlich in einem Schmelzpunkt- oder Zustandsdiagramm darstellen (siehe *Abb. 1.3*). Die vertikale Achse dieses Diagramms gibt die Temperatur an, während auf der horizontalen sämtliche möglichen Zusammensetzungen der Legierungs-

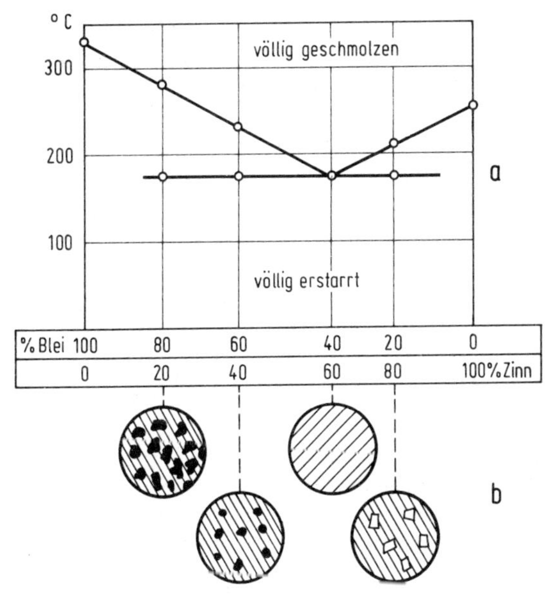

1.3 a) Schmelzpunktdiagramm der Blei-Zinn-Legierungen; b) Gefügeschliffbilder der Blei-Zinn-Legierungen

reihe vom reinen Blei links bis zum reinen Zinn rechts zu finden sind.

Reines Blei, wie gesagt, hat einen scharfen Schmelzpunkt bei 327°. Darüber ist es völlig geschmolzen, darunter ist es ein Festkörper. Setzt man dem Blei nun zum Beispiel 20 % Zinn zu, so ergibt sich eine Legierung zu 80 % Blei, 20 % Zinn. Eine vertikale Linie, durch den entsprechenden Punkt der horizontalen Achse des Diagrammes gezogen, zeigt das Schmelzverhalten dieser Legierung an. Beim Abkühlen aus der Schmelze bleibt die Legierung bis zu 278° flüssig; dann fangen Kristalle an, sich abzuscheiden, die sich bei näherer Untersuchung als Körnchen von beinahe reinem Blei herausstellen. Die Legierung erstarrt aber keineswegs völlig, sondern wird nur mehr und mehr breiig, bis die Temperatur auf 183° abgesunken ist. An diesem Punkt erstarrt sie dann rasch und vollständig.

Bei einer Legierung nennt man die Temperatur, bei der sich die ersten Kristallkörnchen in der Schmelze bilden, die "Liquidus Temperatur". Die Temperatur der vollkommenen Erstarrung heißt die "Solidus Temperatur".

Eine Legierung mit weniger Blei und noch mehr Zinn, z.B. 60 % Blei/40 % Zinn, bleibt beim Abkühlen aus der Schmelze bis zu 234° völlig flüssig, und erst dann bilden sich die Bleikristalle in der Schmelze. Völlige Erstarrung tritt wieder bei 183° ein. Bei fortschreitend höheren Zinngehalten kommt man schließlich bei 37 % Blei/63 % Zinn zu einer Legierung, die bis zu 183° völlig flüssig bleibt, ohne daß sich irgendwelche Kristalle in der Schmelze bilden. Bei 183° erstarrt dann die Schmelze vollständig. Die Legierung verhält sich genau wie ein reines Metall, das einen Schmelzpunkt von 183° hat. Eine derartige Legierung nennt man "Eutektikum".

Wie es dazu kommt, daß die Beimengung eines, mitunter sogar höher schmelzenden Metalles den Schmelzpunkt des ursprünglichen Metalles erniedrigen kann, kann man sich folgendermaßen anschaulich machen: Vorstehend wurde erklärt, wie es zur gegenseitigen Verankerung von Atomen im Kristallgitter kommt. Man kann sich nun vorstellen, daß fremdartige Atome mit anderen Verankerungssystemen in einem derartigen Verband störend wirken und die Bindungskräfte im Durchschnitt vermindern. Damit sinkt der Schmelzpunkt ab.

Legierungen mit mehr als 63 % Zinn haben wieder ein Schmelzintervall. In einer Legierung mit z.B. 20 % Blei/80 % Zinn fangen bei 214° Kristalle an, sich in der Schmelze zu bilden, sie bestehen nun aus beinahe reinem Zinn. Wie bisher tritt völlige Erstarrung wieder bei 183° ein.

Untersucht man geschliffene und polierte Proben dieser verschiedenen Legierungen unter dem Mikroskop, dann sind die Blei- bzw. Zinnkristalle und das erst am Schluß erstarrte Eutektikum, das sie umgibt, deutlich zu erkennen (siehe Abb. 1.3).

Beim Schmelzen des einmal erstarrten Lotes verlaufen die Vorgänge in umgekehrter Reihenfolge: Beim Erwärmen fängt bei 183° bei allen Legierungen das Eutektikum an zu schmelzen. Hat die Temperatur das obere Ende des Schmelzintervalls, d.h. die Liquidus Temperatur erreicht, dann lösen sich die letzten Blei- bzw. Zinnkörnchen in der Schmelze auf.

Bei dieser Darstellung haben wir das Benehmen der Legierungen an den beiden Enden des Diagrammes unterschlagen. Beim Übergang von einem reinen Metall mit scharfem Schmelzpunkt zu einer Legierung mit einem Schmelzintervall treten noch andere Erscheinungen als die bisher geschilderten auf: Die Solidustemperaturen von Legierungen zwischen 0 und 19% Zinn, und zwischen 97,5 und 100 % Zinn liegen über 183°, aber darauf einzugehen führt hier zu weit.

Die meisten in der Praxis gebräuchlichen Lote haben Zinngehalte zwischen 20 % und 63 %. Die Blei-Zinnlote sind in der Norm DIN 1707 aufgeführt (siehe Kapitel 3.1). Von den 42 in dieser Norm genannten Legierungen sind die für den Leser zunächst interessanten Lote in der folgenden Tabelle zusammengefaßt:

DIN Kurzzeichen	% Zinn	Solidus	Liquidus
L-Sn 50 Pb	50	183°	215°
L-Sn 60 Pb	60	183°	190°

Lote mit niedrigerem Zinngehalt sind mehr für den Maschinenbau, die Klempnerei und die Kabelinstallation von Interesse. Für den Elektriker ist es wichtig, Lote mit engem Schmelzpunktintervall zu benützen. Sie erstarren rasch und da sie auch im halbgeschmolzenem Zustand nur wenig Bleikristalle enthalten, sind sie sehr leichtflüssig. Beides ist wichtig, wie im Kapitel 2 erörtert wird.

Die in der Tabelle genannten Lote enthalten, abgesehen von geringen zulässigen Verunreinigungen, nur Blei und Zinn. Sie gehören zu den sogenannten antimonfreien Legierungen. Es gibt außerdem noch eine große Anzahl von Loten, die einen geringen Gehalt von Antimon aufweisen.

Reines Antimon ist ein hartes, sprödes Metall, welches sich leicht mit Blei und Zinn legieren läßt. Antimonhaltige Lote sind nicht nur billiger als antimonfreie, sie geben auch stärkere Lötstellen auf Weißblech und Eisenblech, und sie haben bei gleichen Zinngehalten einen etwas niedrigeren Liquidus als das entsprechende antimonfreie Lot. Jedoch sind sie bisher in der Elektrotechnik verpönt, weil sie unter dem Verdacht stehen, auf Kupfer, und auch auf Messing, die Scher- und vor allem die Schälfestigkeit zu vermindern. Wissenschaftliche Arbeiten sind vielerorts im Gange, um diese Verhältnisse zu prüfen.

Auf jeden Fall bestehen die meisten zur Zeit im Handel erhältlichen und in der Elektrofertigung benützten Röhrenlote, d.h. Lötdrähte mit Harzseele, aus antimonfreiem Lot. In Kap. 3.1 wird darüber noch eingehender die Rede sein.

Merksatz:
Lote sind Legierungen aus Zinn und Blei, die alle bei einer Temperatur von 183° anfangen zu schmelzen. Die Temperatur des völligen Flüssigwerdens hängt vom Zinngehalt ab. Der Elektrobastler benützt Lote mit 50 % Zinn (völlig flüssig bei 215°) oder 60 % Zinn (völlig flüssig bei 190°).

1.3 Die mechanischen Eigenschaften von Blei-Zinn-Loten und von gelöteten Verbindungen

Verglichen mit Messing oder Stahl sind die Blei-Zinn-Lote als Konstruktionsmaterial von nur mäßiger Zugfestigkeit und Härte:

Werkstoff	Zugfestigkeit kp/mm^2	Bruchdehnung %	Brinell Härte
Rein Blei	1,3	50	6
Lot 80 Pb/20 Sn	4,6	60	10
Lot 60 Pb/40 Sn	4,4	100	10
Lot 50 Pb/50 Sn	4,4	120	10
Lot 40 Pb/60 Sn	5,2	50	14
Rein Zinn	1,6	70	7
Kupferdraht, gezogen	24	35	
Messing, 1/4 hart	38	40	100
Chrom-Nickelstahl, vergütet	80	20	160

Grob gesehen besitzt also ein Lot nur wenig über ein Zehntel der Belastungsfähigkeit der Metalle, die der Bastler meistens verlötet. Dazu kommt noch, daß die in der Tabelle angegebenen Zugfestigkeiten der Lote im sogenannten Kurzversuch, d.h. unter rasch anwachsender Belastung gemessen wurden. Bei lang anhaltender Belastung liegen die Festigkeiten noch etwas niedriger.

Der aufmerksame Leser wird hier einen Widerspruch finden: Der Tabelle nach haben Lote eine höhere Festigkeit als die Grundstoffe, aus denen sie bestehen, trotzdem sie bei niedrigeren Temperaturen zu schmelzen beginnen. Auf Seite wurde behauptet, daß im allgemeinen Substanzen mit niedrigeren Schmelzpunkten auch niedrigere Festigkeiten aufweisen. Tatsache ist nun, daß diese Verallgemeinerung nur dann stimmt, wenn man reine Substanzen einerseits und Mehrkomponentensysteme wie Legierungen andererseits nur mit ihresgleichen vergleicht.

Wegen ihres feinkristallinen Mikrogefüges sind Legierungen meistens widerstandsfähiger gegen Verformungen als die reinen Metalle: Die eingelagerten und ineinander verfilzten Kristallkörner schieben dem Aneinandergleiten und der Rißbildung innerhalb des Festkörpers sozusagen unzählige kleine Riegel vor. Aus diesem Grund verwendet die Technik fast immer Legierungen und nur selten reine Metalle: Legierte Stähle anstatt reines Eisen, Messing und Bronze anstelle von Kupfer, Duraluminium anstelle von reinem Aluminium. Reine Metalle werden nur dann verwendet, wenn ihre besonderen Eigenschaften wie Leitfähigkeit oder Verformbarkeit in einer gegebenen Anwendungssituation wichtig sind.

Was nun die Festigkeit einer gelöteten Verbindung anbelangt, so liegt diese noch etwas unter der des Lotes, mit dem sie hergestellt wurde:

Lot	Scherfestigkeit einer verlöteten Verbindung zwischen 2 Kupferoberflächen kp/mm^2
60 Pb/40 Sn	3,9
50 Pb/50 Sn	4,2
40 Pb/60 Sn	3,9

Diese Scherfestigkeitszahlen wurden in Zugversuchen mit raschem Belastungszuwachs gemessen. Die dauernde Belastung, die eine gelötete Verbindung aushält, wird Standfestigkeit genannt, und sie liegt weit unter der Kurz- oder Stoßfestigkeit.

Alle diese Ziffern gelten für die Festigkeiten bei Zimmertemperatur. Bei erhöhten Temperaturen nimmt die Festigkeit aller gelöteten Verbindungen progressiv ab (s. *Abb. 1.4*). Bis zu 60° ist kaum ein Abfall der Scherfestigkeit zu bemerken, aber bei 100° hat die Verbindung schon 10 % ihrer ursprünglichen Scherfestigkeit verloren. Bei 130° ist der Stärkeverlust schon

Lot	Standfestigkeit einer Lötung von Kupferblech kp/mm²
60 Pb/40 Sn	0,7
50 Pb/50 Sn	0,6
40 Pb/60 Sn	0,6

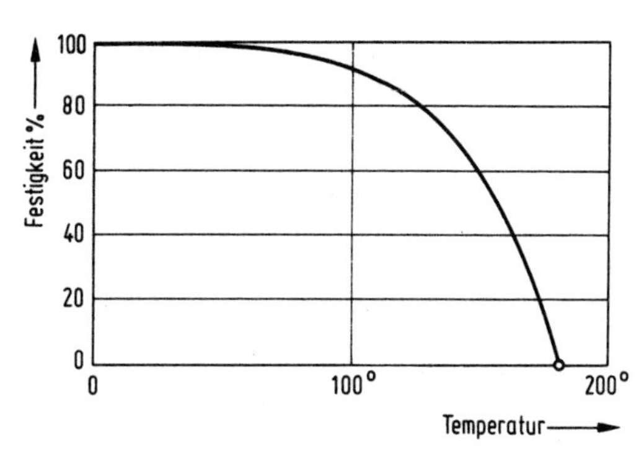

1.4 Temperaturabhängigkeit der Stärke einer Lötverbindung

50 % und dann geht es rapide abwärts bis bei 183° die gelötete Verbindung auseinanderfällt, denn an diesem Punkt fängt das Lot an zu schmelzen. Von den Sonderloten, die höheren Temperaturen standhalten, wird in Kap. 3.1 die Rede sein.

Abgesehen von dem Zinngehalt des verwendeten Lotes hängt die Festigkeit einer Lötstelle noch von verschiedenen anderen Umständen ab. Die Lötfuge soll natürlich keine Lunker oder Flußmitteleinschlüsse enthalten, aber selbst wenn die Lötfuge völlig mit Lot gefüllt ist, können die oben angegebenen Zahlen unterschritten werden: Alle Lötverbindungen, deren Festigkeit in diesem Kapitel angegeben ist, besaßen eine Spaltbreite von 0,15 bis 0,20 mm. Bei engeren Lötfugen wird es schwieriger, die Bildung von Lunkern oder Einschlüssen zu vermeiden, so daß die Scher- und Standfestigkeiten leiden.

Von großem Einfluß ist die Temperatur, bei der gelötet wurde. Natürlich muß das Lot geschmolzen sein, um sich mit den Verbindungspartnern legieren und in die Lötfuge eindringen zu können. Im allgemeinen gilt der Satz: Die beste Löttemperatur liegt 50 bis 150° über der Temperatur, bei der es gerade noch geht. Zu heiß zu löten, d.h. die Lötstelle zu "braten", gibt schwache Lötverbindungen. Die spröden Mischkristallschichten können bei Überhitzung leicht so stark werden, daß sie mehr als den halben Lötspalt füllen. Außerdem kann beim Überhitzen das Flußmittel beginnen zu verkohlen, bevor es Gelegenheit hat, aus der Fuge auszutreten und dem einfließenden Lot Platz zu machen. Dies führt zu Einschlüssen, welche die Festigkeit beeinträchtigen. Die Konstruktion moderner elektrischer Lötkolben ist dieser Erkenntnis angepaßt, besonders wenn es sich um Kolben mit eingebauter Temperaturregelung handelt (siehe Kapitel 2.1).

Eine grundlegende Betrachtung zum Abschluß dieses Kapitels kann nicht genug betont werden: Bei einer fachgerechten Konstruktion sollten gelötete Verbindungen nur dazu dienen, Elektrizität zu leiten, Wärme zu übertragen oder Verbindungsfugen gegen Flüssigkeiten oder Gase abzudichten. Zur Übertragung von konstruktiven oder Belastungskräften sind sie, wie die angeführten Zahlen zeigen, ungeeignet, besonders durch die niedrigen Standfestigkeiten. Diese Grundregel muß bei der Konstruktion von gelöteten Verbindungen unbedingt beachtet werden. Beispiele von guten und schlechten Konstruktionen werden in Kap. 2.8 gegeben.

Merksatz:
Gelötete Verbindungen sind mechanisch schwach, und sollten nur zum Leiten von Strom oder von Wärme dienen, nicht aber zur Übertragung von Lasten oder Kräften.
Zum Löten benützt man Temperaturen, die zwischen 50 und 150° über dem Schmelzpunkt des benützten Lotes liegen.

1.4 Wärmeübertragung

Wie schon gesagt, gelingt die Lötung nur dann, wenn das Lot vollständig geschmolzen ist. So selbstverständlich das klingt,

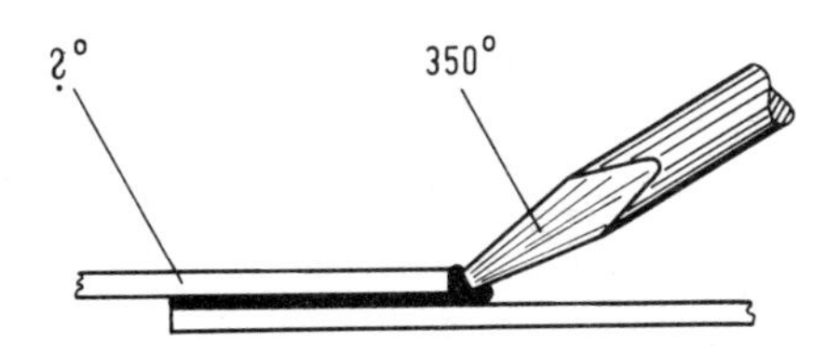

1.5 Temperaturgefälle in der Lötstelle

so wird es doch oft übersehen. Es bedeutet nämlich, daß die Temperatur des Lotes überall in der Lötstelle oder in der Lötfuge über der Liquidustemperatur liegen muß. Bei der Kolbenlötung ist es mitunter nicht ganz einfach, dies zu erreichen (s. *Abb. 1.5*).

Die Wärmequelle bei der Kolbenlötung ist grob gesehen ein erhitztes Stück Kupfer. Die Wärmezufuhr zur Lötstelle erfolgt durch rein mechanische, lokal begrenzte Berührung, und in der Lötstelle selbst bildet sich ein Temperaturgefälle aus. Es liegt auf der Hand, daß die Innenwände der Lötfuge auch am entferntesten Ende warm genug sein müssen, um das Lot nicht unterwegs einfrieren zu lassen.

Wärme ist eine Energieform, und bei der Wärmeübertragung handelt es sich um einen Energiefluß. Als erstes ist offensichtlich dafür zu sorgen, daß das Energiereservoir groß genug, d.h. daß der Kupferbolzen des Lötkolbens schwer genug ist. Sein Gewicht sollte mindestens das 10fache des Gewichtes der Lötstelle betragen, sonst kann die Erwärmung derselben zu lange dauern oder überhaupt nicht gelingen. Zur Wärmeübertragung ist ein Temperaturgefälle nötig, so daß nach anfänglich rascher Erwärmung die Lötstelle gegen Ende der Lötung nur mehr langsam die Temperatur des Lötkolbens annimmt (s. Abb. 1.7). Dies ist der Grund für die oben erwähnte Faustregel, daß man zum Löten eine gewisse Mindest-Übertemperatur braucht.

Allgemein läßt sich sagen, daß unter normalen Umständen das Lot nicht länger als 2 Sekunden brauchen darf um überall dahin zu fließen, wo man es braucht. Dauert es länger, dann ist es bestimmt der Mühe wert, den Grund dafür zu finden und zu korrigieren. Vor allem darf man es der Wärme nicht erschweren, vom Kolben in die Lötstelle zu fließen. Die Form der Lötspitze

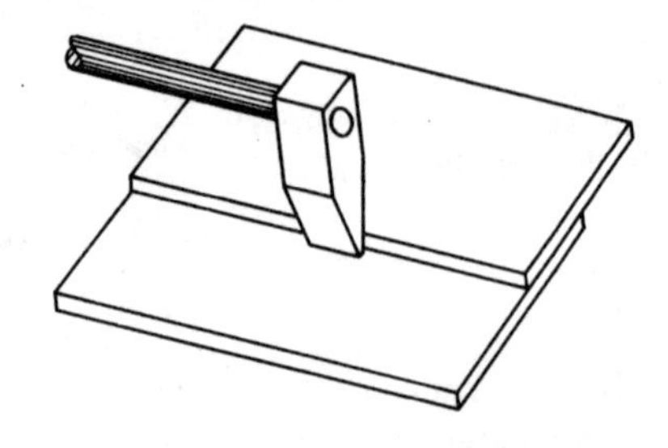

1.6 Wahl der Lötspitzenform

soll es deshalb ermöglichen, eine möglichst große Kontaktfläche mit der Lötstelle zu erreichen (s. *Abb. 1.6*). Eine saubere Perle geschmolzenen Lotes an der Lötspitze ist jedoch noch wichtiger, denn bei Beginn der Lötung bildet dieser Tropfen geschmolzenen Lotes die erste Brücke für den Wärmefluß.

Über Einzelheiten der Handhabung des Kolbens in verschiedenen Lötsituationen wird in Kap. 2.2 die Rede sein. Auf den ersten Blick scheint es beim heutigen Stand der Technik nun etwas primitiv, einen Werkteil dadurch erwärmen zu wollen, daß man ein heißes Stück Metall dagegen hält. Jedoch erfordert z.B. die Flammenlötung weitaus mehr Geschick und Aufmerksamkeit als die Kolbenlötung. Die Temperatur im blauen Teil einer Propanstichflamme liegt zwischen 900° und 1000°, was bedeutet, daß ein in die Flamme gehaltener Draht sich in wenigen Sekunden auf helle Rotglut erhitzt.

Je nach der Wärmekapazität, d.h. grob angenähert je nach dem Gewicht der Lötstelle kann bei der Flammenlötung die Erwärmungskurve sehr rasch ansteigen (s. *Abb. 1.7*), so daß das optimale Temperaturintervall rasch durchlaufen und leicht überschritten wird. Dasselbe gilt für das Erhitzen durch Hochfrequenz-Induktion, oder durch Infrarot-Bestrahlung. Deshalb werden diese Verfahren hauptsächlich in der Industrie verwendet, wo die automatische Regelung der Energiezufuhr kein Problem ist.

Im Gegensatz dazu gewährleistet die Kolbenlötung eine weitgehende Garantie gegen das Überhitzen, und dieser Umstand erklärt es auch, warum ein wohl Jahrtausende altes Werk-

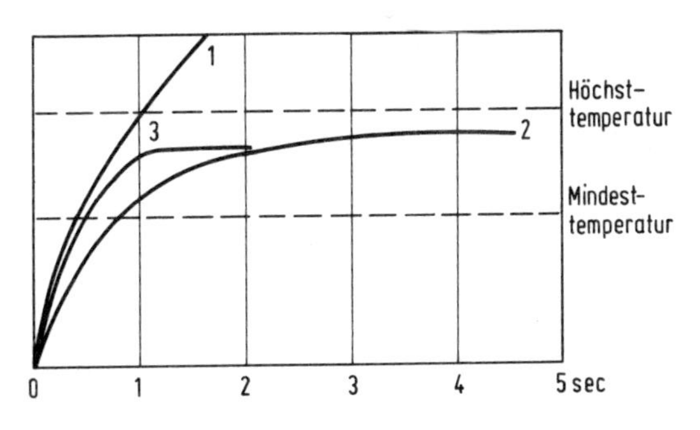

1.7 Temperaturverlauf beim Löten

zeug wie der Lötkolben auch heute noch eine so wichtige und unumstrittene Rolle spielt.

Noch eine andere Methode, nämlich das Löten im Tauchbad, ist überhitzungs-sicher. Hier übernimmt das geschmolzene Lot die mehrfache Rolle des Wärme-Reservoirs, der Wärmeübertragung und des Füllmaterials. Die Verhältnisse, was Temperaturkontrolle und Wärmekapazität der Wärmequelle betrifft, liegen zwar ideal, doch die Anwendungsmöglichkeiten für die Lötsituationen, mit denen es der Bastler zu tun hat, sind beschränkt (s. Kap. 2.7).

In der elektronischen Massenherstellung dagegen, die kurz im Abschlußkapitel beschrieben ist, hat das Erscheinen der gedruckten Schaltung seit Mitte der fünfziger Jahre der Tauchlötung zu einer dominierenden Rolle verholfen. Es kann wohl gesagt werden, daß ohne die modernen Tauchlötverfahren in ihren verschiedenen Formen die elektronische Industrie kaum existenzfähig wäre.

Merksatz:
Löten verlangt Wärme. Bei der Handlötung dient der Lötkolben gleichzeitig als Wärmequelle und als Wärmespeicher. Die Lötspitze muß um ein Vielfaches schwerer sein als der zu verlötende Gegenstand, sonst kann sie diesen nicht genügend erwärmen.

1.5 Kapillar- und Benetzungserscheinungen

Kapillarkräfte und Benetzungserscheinungen spielen immer dann eine Rolle, wenn eine Flüssigkeit und ein fester Körper miteinander in Berührung kommen. Gerade dies ist ja beim Löten immer der Fall und deshalb lohnt es sich, darauf einzugehen, was es mit diesen Kräften und Erscheinungen auf sich hat.

In Kap. 1.2 wurde erklärt, daß in einer Flüssigkeit die Atome oder Moleküle zwar Ort und Nachbarn wechseln können, daß jedoch zwischen Nachbarn die Kräfte groß genug sind, ihren gegenseitigen Abstand konstant zu halten. Das bedeutet sogar, daß Flüssigkeiten in der Tat eine meßbare Zerreißfestigkeit haben und daß sie kaum dehnbar sind. *Abb. 1.8* macht es deutlich, daß Atome im Inneren der Flüssigkeit von einem in allen Richtungen symmetrischen Kräftefeld umgeben sind. Die Resultanten dieser Kräfte heben sich gegenseitig auf, und außer den thermischen Schwingungen hat das Atom keinen Anlaß, seinen Standort zu verändern.

Atome an der Oberfläche dagegen befinden sich in einem asymmetrischen Kräftefeld, dessen Resultante senkrecht zur Oberfläche steht und deshalb das Atom nach innen zieht. Daher hat eine sich selbst überlassene Flüssigkeit das Bestreben, einen Körper mit möglichst kleiner Oberfläche, d.h. eine Kugel zu formen, als ob sie von einer gespannten Haut eingehüllt wäre. Die Spannung, die in dieser Haut herrscht, ist eine Veranschaulichung der sogenannten Oberflächenspannung, von der noch viel die Rede sein wird. Kleine Quecksilbertropfen auf einer

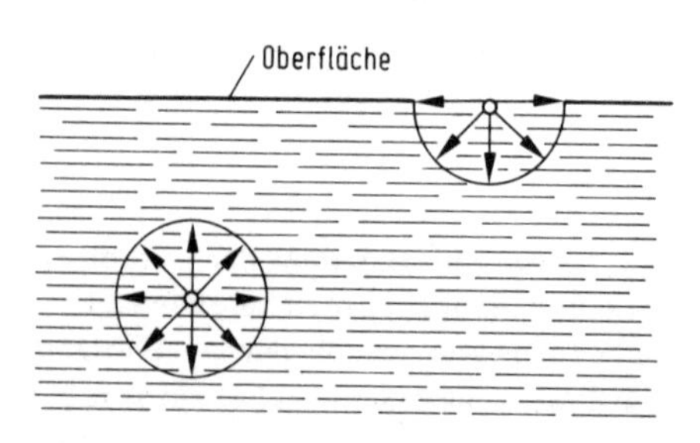

1.8 Kräftefelder in einer Flüssigkeit

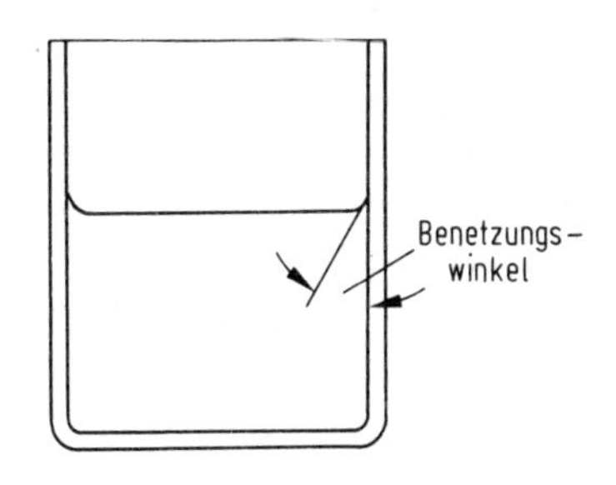

1.9 Benetzung und Meniskus

ebenen Oberfläche sind fast kugelrund; größere sind abgeplattet, weil bei ihnen die Oberflächenspannung dem Einfluß der Schwerkraft nicht mehr völlig standhalten kann.

Eine weitaus wichtigere Kraft, die der Oberflächenspannung entgegenwirken kann, ist die Benetzungskraft. Gießt man reines Wasser in ein reines Glas, so sieht man es an der Wandung in die Höhe streben (s. *Abb. 1.9*). Hierfür sind die Anziehungskräfte zwischen Glas und Wasser verantwortlich, die größer sind als die Anziehungskräfte der Wassermoleküle untereinander. Die Moleküle, die nahe an der Glaswand liegen, steigen sich sozusagen gegenseitig auf die Schultern, damit so viele wie möglich mit dem Glas in Berührung kommen können. Das Wasser bildet an der Glaswand eine Hohlkehle, die man einen Meniskus nennt. Das Klettern hört erst dann auf, wenn das Gewicht des Meniskus der nach oben ziehenden Benetzungskraft das Gleichgewicht hält. Den Winkel, welchen die Flüssigkeit an der oberen Kante des Meniskus mit der benetzten Oberfläche bildet, nennt man den Benetzungswinkel.

Genau dasselbe Kräftespiel bedingt beispielsweise die Benetzung von Kupfer durch geschmolzenes Lot, doch kommt hier noch ein weiterer Umstand dazu: Das im Lot vorhandene Zinn geht mit dem Kupfer eine chemische Verbindung ein. Die Affinität zwischen Kupfer und Blei-Zinn-Lot, die sich darin ausdrückt, trägt noch weiter zur Benetzungsfreudigkeit bei. Der in Abb. 1.9 aufgezeigte Benetzungswinkel, der an der Flüssigkeitskante auftritt, gibt ein Maß für die Benetzungskraft, und dieser Umstand wird in der Tat in mehreren Instrumenten

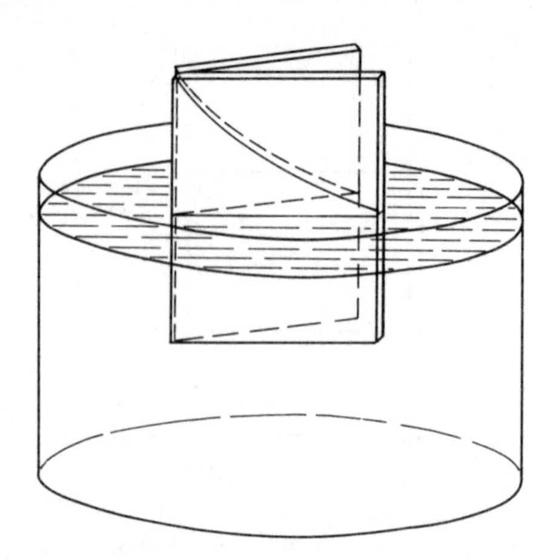

1.10 Kapillareffekt im keilförmigen Spalt-Benetzung

benützt, welche die Industrie zum Messen der Lötbarkeit von Komponenten oder der Wirksamkeit von Flußmitteln im Betrieb oder im Labor einsetzt.

Von der Benetzungskraft leiten sich die Kapillarerscheinungen ab. Eine wohlbekannte Demonstration der Kapillarkraft besteht darin, zwei saubere Glasplatten in einem spitzen Winkel aneinander zu legen, so daß sich zwischen ihnen ein keilförmig zulaufender Spalt bildet. Werden die zwei Platten senkrecht in reines Wasser getaucht, so klettert das Wasser in dem Keilspalt hoch, und zwar desto höher, je enger der Spalt wird (s. *Abb. 1.10*). Der Grund dafür ist, daß bei einem geringen Abstand zwischen den benetzbaren Oberflächen die Benetzungskräfte sich gegenseitig unterstützen und der Flüssigkeit beim Klettern helfen.

Der Versuch läßt sich ohne weiteres mit geschmolzenem Lot und zwei Kupferblechen wiederholen, wobei sich Steighöhen von mehreren Zentimetern bei einer Spaltweite von 0,15 mm ergeben. In einen horizontalen Spalt kann, zumindest theoretisch, das Lot unbegrenzt weit einfließen. Die Geschwindigkeit, mit welcher es das tut, ist natürlich von großem Interesse, besonders bei der maschinellen Lötung. Das Internationale Zinn-Forschungsinstitut in London (International Tin Research

1.11 Kapillareffekt im keilförmigen Spalt - Entnetzung

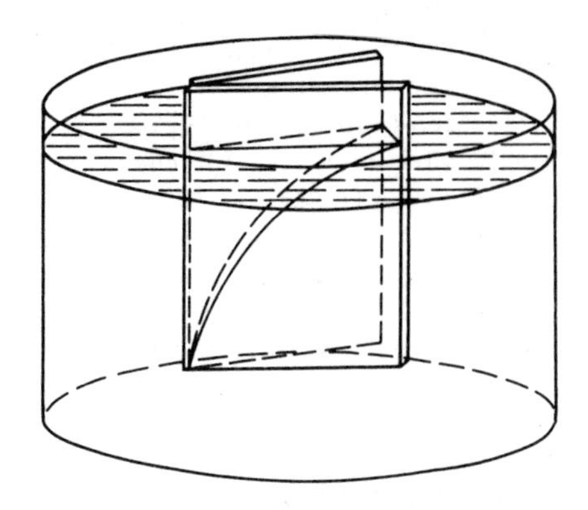

Institute), welches sich unter anderem eingehend mit den Grundlagen des Lötvorganges befaßt, hat 1948 seine Resultate von Messungen der kapillaren Fließgeschwindigkeiten von Loten in Lötfugen veröffentlicht. Unter idealen Bedingungen braucht ein Lot mit 63 % Zinn 2,9 Sekunden, um einen 0,1 mm weiten, und 10 cm langen horizontalen Lötspalt von einem Ende bis zum anderen zu durchlaufen, bei einer Temperatur von 100° über dem Liquidus. Reines Zinn schafft es unter denselben Bedingungen in 1,7 Sekunden, reines Blei dagegen braucht 3,1 Sekunden für dieselbe Strecke.

Wie wichtig die Benetzbarkeit für das kapillare Verhalten ist, zeigt auch noch ein weiterer Versuch. Wiederholt man das Experiment mit den Glasplatten, aber diesmal nicht mit sauberem Glas, sondern nachdem man die Platten z.B. mit Silikonhaltiger Autopolitur unbenetzbar gemacht hat, so ergibt sich das Gegenteil des ersten Versuchs (s. *Abb. 1.11*). Je enger der Spalt wird, desto weniger vermag das Wasser in denselben einzudringen. Das Silikon-Wachs hat für die Wassermoleküle keine Anziehungskraft, so daß die Oberflächenspannung des Wassers, d.h. die "gespannte Haut", das Wasser davon abhalten will, in die Fuge einzudringen, und es daher des hydrostatischen Druckes unterhalb der Wasseroberfläche bedarf, das Wasser in die

Fuge einzupressen. Je enger die Fuge ist, desto höher ist der Druck, der dazu nötig ist.

Für den Lötpraktiker liegt darin eine wichtige Lektion: Die Benetzbarkeit der zu lötenden Oberflächen durch das Lot, d.h. ihre Lötfreudigkeit, ist für das Gelingen der Lötung von ausschlaggebender Bedeutung. Besonders bei engen, eigentlich günstigen Lötfugen kann schlechte Benetzbarkeit das Löten völlig unmöglich machen. Die folgenden Kapitel werden davon handeln, wovon die Lötfreudigkeit von metallischen Oberflächen abhängt.

Merksatz:
Unter "Kapillareffekt" versteht man die saugende Wirkung die ein enger Spalt auf eine ihn benetzende Flüssigkeit ausübt. Beim Löten beruht das Einfließen des Lotes in die Lötfuge auf dem Kapillareffekt. Er kann aber nur dann wirken, wenn das flüssige Lot die Fugenwandungen gut benetzt.

1.6 Die Lötbarkeit der Grundmetalle und ihrer Legierungen

Die Benetzbarkeit der verschiedenen Metalle durch geschmolzenes Lot ist äußerst unterschiedlich. Manche lassen sich ohne jede Schwierigkeit, auch unter ungünstigen Bedingungen verlöten und verzinnen; bei anderen darf man keine einzige Vorsichtsmaßregel vernachlässigen, um eine Lötung zustande zu bringen, und einige lassen sich auch mit den raffiniertesten Kunstgriffen nicht löten.

Es folgt hier eine Liste der in der allgemeinen Technik gebräuchlichen Metalle, nach ihrer Lötbarkeit geordnet. Bei der Beurteilung der Lötbarkeit wurde angenommen, daß jedes betreffende Metall vor dem Lötversuch bestmöglich gesäubert wurde, so daß keine Fettschichten oder durch Lagerung oder Erhitzung entstandene Oxydschichten das Resultat beeinflussen konnten.

I) Mit nicht-korrodierenden Harzflußmitteln lötbar
(in absteigender Reihenfolge)

Gold
Zinn (z.B. Weißblech, d.h. verzinntes Stahlblech)
Zinn-Blei (z.B. Lot-verzinnte Drähte)
Kupfer
Silber
Messing
Zinn-Bronze
Nickel
Kadmium

II) Lötbar mit aggressiven Flußmitteln (z.B. Chlorzink-haltigem Lötwasser, in absteigender Reihenfolge)
Zink
Flußstahl
Monel-Metall (Kupfer-Nickel)
Beryllium-Bronze
Federstahl

III) Schwer lötbar (nur mit Sonderflußmitteln oder nach besonderer Vorbehandlung)
Zamak (Spritzgußlegierung)
Aluminium
Aluminium-Bronze
Edelstahl
Nickel-Chrom-Legierungen
Magnesium
Gußeisen

IV) Kaum oder überhaupt nicht lötbar
Chrom
Titan
Silizium

Der Grund der unterschiedlichen Lötbarkeiten ist in zwei Dingen zu suchen: Einerseits ist die Kristallstruktur und damit auch die chemische Affinität des zu lötenden Metalles mit Blei und vor allem mit Zinn für die Lötbarkeit verantwortlich. Ist das zu lötende Metall im Lot löslich oder bildet es leicht Mischkristalle mit Zinn, so gewinnt es an Lötbarkeit. Bei geringer Löslichkeit oder chemischer Affinität ist auch die Lötfreudigkeit verringert.

Ein zweiter Umstand, der benetzungshemmend wirken kann, ist die Anwesenheit von Oberflächenschichten, meistens Oxyden, welche sich durch normale Reinigung schlecht entfernen lassen. Manche Metalle, die an der Luft blank bleiben und nicht anlaufen, wie z.B. Aluminium oder Edelstahl, verdanken diese Eigenschaft einem durchsichtigen und zwar sehr dünnen, aber äußerst zähem Oxydfilm, der sich auch nach mechanischer oder chemischer Entfernung rasch wieder neu bildet. Dieser Film verhindert die Lötung und es bedarf besonderer Flußmittel, um ihn kurzzeitig zu lösen oder zu durchbrechen, so daß das Lot zum Grundmetall Zugang hat. Alle Legierungen, die Aluminium oder Chrom enthalten, gehören zu dieser Klasse. Eingehender wird von der Fähigkeit der Flußmittel, das Löten zu fördern, in Kap. 1.7 die Rede sein.

Beim Löten von anderen Metallen wie z.B. Zink und seinen Legierungen und auch Kadmium, ist es ein erschwerender Umstand, daß sich diese Metalle zwar leicht in geschmolzenem Lot lösen und sich mit ihm verbinden, daß sie aber, sobald sie sich im Lot aufgelöst haben, sich als schädliche Verunreinigungen herausstellen, die das Weiterfließen des Lotes hemmen. Deshalb ist es ratsam, nach dem Löten von verzinkten oder kadmierten Bauteilen das dadurch verunreinigte Lot von dem Lötkolben sorgfältig abzuwischen. Auch sollte man derartige Teile nie im Tauchbad verzinnen oder verlöten, weil man dadurch das Bad für die weitere Lötung von anderen Komponenten unbrauchbar macht. Auch das im Messing enthaltene Zink kann ähnlich wirken, wenn es sich erst einmal mit dem Lot legiert hat (Messing ist eine Legierung von Kupfer und Zink). Messingbauteile sollten deshalb nicht zu lange im Lötbad verweilen; bei der Handlötung machen sie jedoch meistens keine Schwierigkeiten.

Gußeisen läßt sich im industriellen Betrieb ohne Schwierigkeit verzinnen, jedoch sind dazu spezielle Verfahren und Flußmittel nötig, die meistens dem Bastler nicht zugänglich sind.

Er steht außerdem kaum je vor der Aufgabe, Gußeisen zu löten. Sollte mitunter ein Gußeisenteil geerdet oder leitend mit einem Draht zu verbinden sein, so ist es besser, die Lötung gar nicht zu versuchen, sondern eine Schraubverbindung herzustellen. Die schwere Lötbarkeit des Gußeisens ist auf den darin feinverteilten Graphit, und auch auf verschiedene Legierungszusätze zurückzuführen.

Aluminium und Legierungen, die Aluminium enthalten, verlangen Flußmittel, welche die Oxydschicht durchbrechen und dann sozusagen zurückrollen können, so daß das Lot unter sie eindringen kann.

Die Unmöglichkeit schließlich, Titan zu löten, macht man sich in der Industrie zunutze, indem man Haltevorrichtungen für Lötbäder oft aus diesem Metall herstellt. Für den Bastler kommt Titan seines Preises wegen kaum in Betracht.

Merksatz:
Kupfer gehört zu den lötfreudigen Metallen. Vorverzinnung steigert seine Lötbarkeit und macht es unempfindlicher gegen Verschmutzung und lange Lagerung.

1.7 Flußmittel; ihre Aufgabe und Wirkungsweise

Die Behauptung, daß man ohne Flußmittel nicht löten kann, ist zu 99 % richtig. Das restliche ein Prozent bezieht sich auf das Löten im Vakuum, unter Schutzatmosphären, oder unter anderen exotischen Umständen, die für den Amateur kaum in Frage kommen. Wie in der Zwischenzeit klar geworden ist, beruht das erfolgreiche Einfließen des Lotes in die Lötstelle darauf, daß es den Einflüssen seiner eigenen Oberflächenspannung und denen der Benetzungs- und Kapillarkräfte im Lotspalt ohne Behinderung folgen kann.

Damit der Tropfen geschmolzenen Lotes die Form annehmen kann, die der auf ihn wirkenden Oberflächenspannung entspricht, muß er sich frei bewegen können. Nun bildet sich aber, sobald das Lot schmilzt, auf seiner Oberfläche eine ziemlich zähe Oxydhaut, die den Tropfen wie eine steife Papiertüte umgibt. *Abb. 1.12 a* zeigt ein Stück Lötdraht, das auf einer

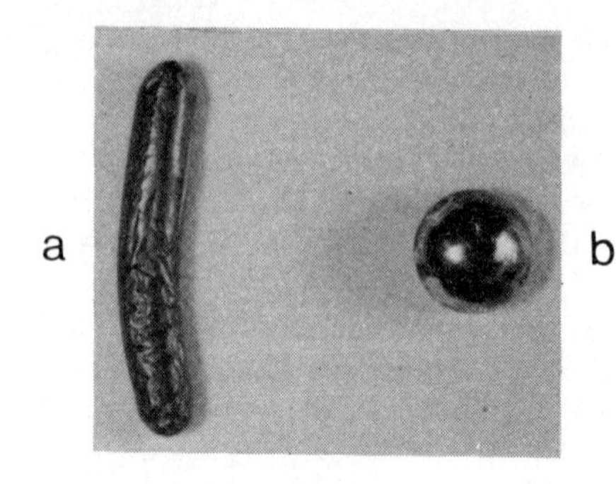

1.12 a) Schmelzversuch ohne Flußmittel

1.12 b) Schmelzversuch mit Flußmittel

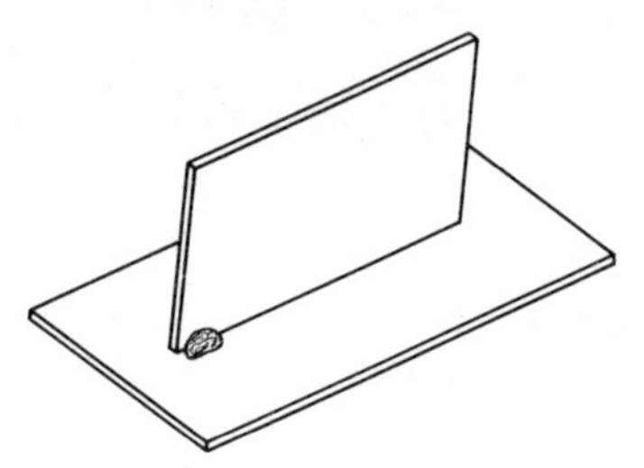

1.13 Lötversuch ohne Flußmittel

Keramikunterlage mit einer Gasflamme zum Schmelzen gebracht wurde. Schon vor, und vor allem während des Schmelzens, hat sich auf dem Draht eine Oxydhaut gebildet, die so starr ist, daß auch nach dem Schmelzen das Stückchen Lot immer noch ungefähr die Form des ursprünglichen Drahtes hat. In anderen Worten, das flüssige Lot kann sich kaum bewegen.

Abb. 1.12 b zeigt nun was geschieht, wenn man eine geringe Menge von Flußmittel, im Falle dieses Experimentes ein Körnchen Harz, auf den geschmolzenen Draht bringt. Die Oxydhaut verschwindet sofort, und das Lot ballt sich zur Kugel zusammen.

Man kann nun den Versuch weiterführen und die Lotkugel erstarren lassen. Leg man sie an das Ende einer Lötfuge, die man aus zwei aneinandergefügten sauberen Kupferblechen gebildet hat *(Abb. 1.13)* und erwärmt das Ganze mit einer Gas-

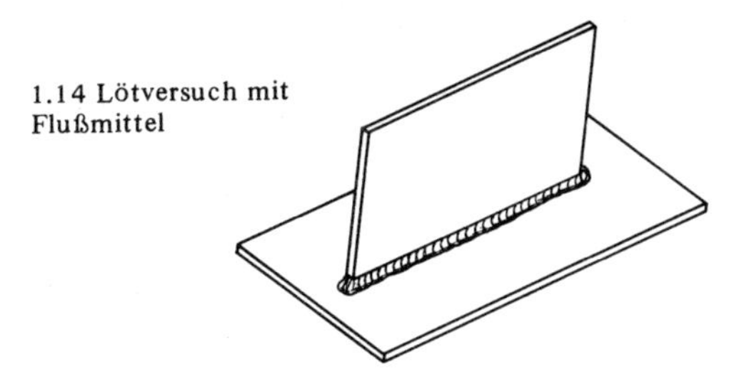
1.14 Lötversuch mit Flußmittel

flamme, so beginnt das Lot zu schmelzen und breitet sich wohl unter dem Einfluß der Schwerkraft etwas aus, fließt jedoch nicht in die Lötfuge ein. Wurde jedoch vor dem Erwärmen die Lötfuge mit Flußmittel bestrichen, in diesem Fall mit einer alkoholischen Harzlösung, so fließt das Lot, sobald es geschmolzen ist, die Lötfuge entlang und wird sozusagen in dieselbe hineingezogen wie in einen Schwamm *(Abb. 1.14).*

Man kann dabei beobachten, wie das Flußmittel schon vor der Erwärmung, jedoch vor allem, sobald die Lötstelle heiß wird, das Kupfer blank ätzt. Das heißt, es reagiert mit der auf dem Kupfer befindlichen und während der Lötung sich verstärkt bildenden Oxydschicht und löst sie auf. Alle der Luft ausgesetzten metallischen Oberflächen, auch wenn sie ganz sauber aussehen, sind mit einem mehr oder weniger dünnen Film von Oxyden und verschiedenen anderen Verbindungen, die sich teils auf der Oberfläche gebildet haben, teils auf ihr adsorbiert wurden, behaftet. Dazu kommen noch meistens Schmutz- und Fettschichten, die von der Handhabung oder von Fertigungsprozessen herrühren. Diese Fremdstoffschichten, auch wenn sie nur wenige Moleküle dick sind, verhindern den Metallatom-zu-Metallatom-Kontakt, den die Reaktion zwischen Lot und Grundwerkstoff verlangt. Das Flußmittel entfernt den löthemmenden Film, zum Teil schon vor dem Löten, aber hauptsächlich in Anwesenheit des vordringenden Lotes. Zusammenfassend kann man sagen, daß das Flußmittel die Aufgabe hat, vor der Lötung die auf dem Grundmetall befindlichen Oxydschichten zu entfernen, und während der Lötung eine erneute Oxydie-

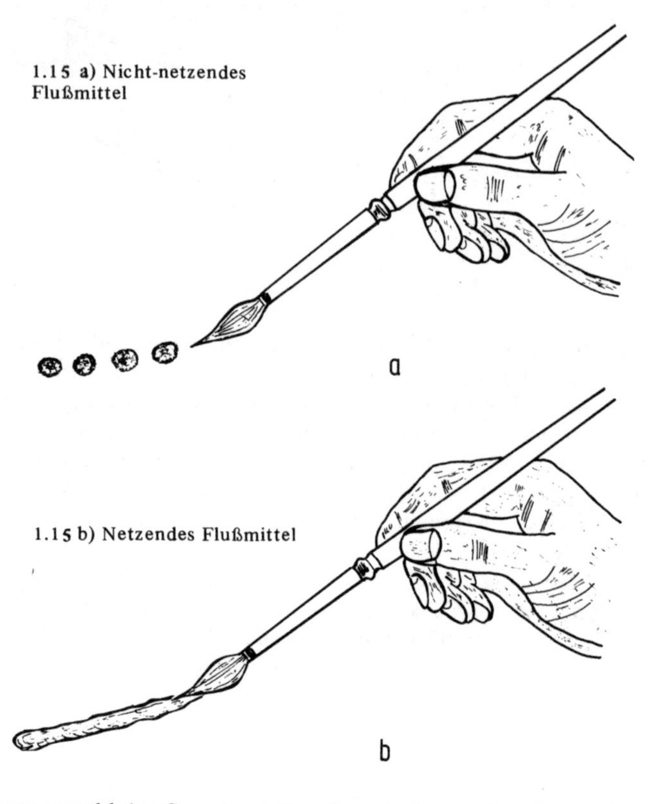

1.15 a) Nicht-netzendes Flußmittel

1.15 b) Netzendes Flußmittel

rung sowohl des Grundmetalles als auch des geschmolzenen Lotes zu verhindern.

Abgesehen von der chemischen Aktivität, die dazu nötig ist, muß das Flußmittel auch gewissen physikalischen Anforderungen genügen: Es muß selbstverständlich flüssig sein, so daß es die ganze Lötstelle bedeckt und gegen den Luftsauerstoff schützt; auch soll es das Lötgut leicht benetzen, damit es nicht in Tropfen zusammenrinnt, sondern gut in die Lötfuge einfließt (s. *Abb. 1.15*). Andererseits darf es während der Lötung nicht zähflüssig werden oder gar verzundern und dabei das Lot am Einfließen in die Lötfuge hindern.

In chemischer Hinsicht verhält sich das Flußmittel, zumindest während der Lötung, wie eine Säure: es bildet mit den Oxyden der Lötstelle Salze, und es ist wichtig, daß es diese in sich gut aufnehmen und mit sich fortschwemmen kann ohne den Fluß des Lotes zu behindern.

Wie man sieht, hat das Flußmittel eine Anzahl von komplizierten, zum Teil nicht leicht miteinander zu vereinbarenden Aufgaben zu erfüllen, und das innerhalb weniger Sekunden und bei relativ hohen Temperaturen. Es nimmt nicht Wunder, daß zur Formulierung von brauchbaren Flußmitteln nur eine begrenzte Anzahl von chemischen Systemen in Frage kommt. Von ihnen wird im nächsten Kapitel die Rede sein.

Vorher soll noch eine mitunter geläufige falsche Auffassung richtig gestellt werden: Flußmittel sind nicht im strengen Sinne Benetzungsmittel für geschmolzenes Lot, wie es z.B. Seife für Wasser ist. Sie ermöglichen zwar die zur Benetzung nötigen Vorbedingungen, greifen aber nicht aktiv in die Reaktionen zwischen Lot- und Grundmetall mit ein.

Merksatz:
Das Flußmittel hat die Aufgabe, die zu lötenden Oberflächen vor dem eigentlichen Lötvorgang von Oxyden und anderen löthemmenden Schichten zu befreien, und die Bildung von frischem Oxyd während der Lötung zu verhindern: Es ermöglicht die "Tuchfühlung" zwischen Lot und Werkstoff.

1.8 Flußmittel; ihre Zusammensetzung

Im Laufe der Zeit, und aufgrund der praktischen Erfahrungen von Generationen, hat sich die Löttechnik auf zwei, grundsätzlich voneinander verschiedene Arten von Flußmitteln beschränkt, die auch heute noch weitaus die größte Rolle in der Praxis spielen. Erst in den letzten Jahrzehnten wurden weitere, neue, langsam an Bedeutung gewinnende Flußmittelsysteme entwickelt.

Die Flußmittel der ersten Gruppe, die man die aktiven, die inorganischen oder auch die aggressiven Flußmittel nennt, sind auf Chlorzink aufgebaut. Chlorzink ($Zn\,Cl_2$) ist ein Salz, dessen wässrige Lösung durch Einwirken von verdünnter Salzsäure auf metallisches Zink hergestellt werden kann. Chlorzinkhaltige

Flußmittel kommen hauptsächlich in Form derartiger Lösungen, die mit geeigneten Benetzungsmitteln versetzt sind, unter der Bezeichnung "Lötwasser" in den Handel. Das sogenannte Lötfett ist im Prinzip eine Emulsion von kleinen Tröpfchen hochkonzentrierten Lötwassers in Mineral-Fett. In wasserfreier Form ist Chlorzink ein weißer Kristall, der aus der Luft rasch Feuchtigkeit anzieht und zu zerfließen beginnt. Derartige Substanzen nennt der Chemiker "hygroskopisch". Lösungen von Chlorzink in Wasser reagieren stark sauer, greifen die meisten Metalle an, und sie wirken als starke Elektrolyte, haben also eine hohe elektrische Leitfähigkeit. Beim Erhitzen über 100° verdampft das Wasser progressiv aus einer Chlorzinklösung, ohne daß sich die Kristalle jedoch niederschlagen, und auch noch bei 250° oder sogar 300° ist immer noch etwas Wasser in der heißen, hoch konzentrierten und natürlich sehr aggressiven Lösung vorhanden; der Übergang von Lösung zum geschmolzenen Kristall ist beim Chlorzink kontinuierlich und darauf beruht seine einzigartige Eignung als Flußmittel zum Löten und Verzinnen. Während des Lötens bleibt es flüssig, hält Temperaturen bis zu 500° aus ohne seine günstigen Eigenschaften zu verlieren, und es reagiert rasch und intensiv mit allen Metalloxyden. Allerdings, nach der Lötung hinterläßt es einen salzartigen, hygroskopischen, korrodierenden und elektrisch leitenden Rückstand. Dieser Rückstand läßt sich zwar entfernen, worüber in Kap. 1.11 eingehender berichtet wird. Trotzdem ist es klar, daß ihres Rückstandes wegen chlorzinkhaltige Flußmittel für die Lötung in der Elektrotechnik nur unter Beachtung sorgfältig einzuhaltender Vorsichtsmaßregeln gebraucht werden können. Der Bastler tut gut daran, sie nicht zu benützen.

Andererseits, trotz mitunter dagegen vorgebrachter Argumente, bestehen keinerlei Bedenken dagegen, chlorzinkhaltige Flußmittel zum Verzinnen von Drahtenden oder Anschlußfahnen zu verwenden, vorausgesetzt der Flußmittelrückstand wird nach der Lötung sachgemäß und sorgfältig entfernt. Wie man bei der Verzinnung vorgeht wird in Kap. 2.6 und 2.7 eingehend behandelt.

Die zweite, für den Elektrotechniker hauptsächlich in Frage kommende Gruppe von Flußmitteln baut sich auf Harzen auf. Bei den Harzen, die hier benützt werden, handelt es sich um das

Naturprodukt, auch Kolophonium genannt. Der Rohstoff wird als Baumharz aus lebenden oder abgeholzten Bäumen gewonnen. Für die Flußmittelherstellung werden diese Harze sorgfältig ausgesucht, gereinigt, und oft auch verschiedenen chemischen Vorbehandlungen unterzogen.

Die meisten Flußmittelharze beginnen zwischen 60° und 80° zu schmelzen, und sie sind bei 120° völlig flüssig. In festem Zustand, also bei Zimmertemperaturen, ist Harz ein klar-durchsichtiger Festkörper, etwas spröde, wasserunlöslich, von hohem Isolationswiderstand, und vor allem allen Metallen und auch den meisten anderen Substanzen gegenüber chemisch völlig inaktiv.

Chemisch gesehen ist Harz eine Mischung verschiedener milder organischer Säuren; in Alkohol aufgelöst, vor allem aber in geschmolzenem Zustand, verhält es sich auch als Säure. Es ist dann genügend reaktionsfähig, nicht zu starke Kupferoxydschichten aufzulösen, wenn auch nicht so rasch wie das Chlorzink. Bei Löttemperatur, also bei 250° bis 300°, wird das Kupfer innerhalb 1 bis 2 Sekunden blank und lötbereit. Diese gewisse Reaktionsträgheit genügt jedoch den Anforderungen der modernen Technik nicht mehr, und man setzt deshalb dem Harz sogenannte Aktivatoren zu, die seine Reaktionsgeschwindigkeit verbessern, ohne die nötige Inaktivität und das Isoliervermögen des erstarrten Flußmittelrückstandes zu beeinträchtigen.

Harz ist eine organische Substanz, und als solche kann es hohe Temperaturen nur begrenzt ertragen ohne zu verkohlen. Moderne Harzflußmittel halten Temperaturen von 300° für eine gewisse Zeit aus, ohne Schaden zu leiden. Erhitzt man sie aber zu lange oder zu hoch, so werden sie dunkel und zähflüssig, und vor allem verlieren sie einen Teil ihrer lötfördernden Wirkung. Sie sind deshalb am besten für die Kolbenlötung oder das Tauchlöten geeignet, denn bei diesen beiden Methoden läßt sich die Löttemperatur leicht beherrschen. Zum Löten mit der Stichflamme mit Harzflußmitteln gehört viel Geschick, und der Bastler vermeidet es am besten.

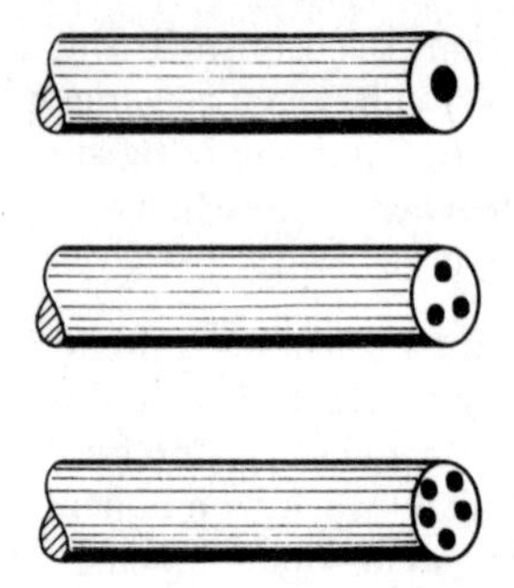

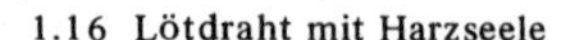

1.16 Lötdraht mit Harzseele

In ihrer gebräuchlichsten Form begegnet der Bastler den Harzflußmitteln in der Form der Harzseele im sogenannten Röhrenlot. Es handelt sich hier um Lotdraht, der im Inneren einen, meistens aber mehrere kontinuierliche Fäden von Harzflußmitteln in fester Form enthält *(Abb. 1.16).* Beim Gebrauch beginnt das Harz schon vor dem Schmelzen des Lotes aus dem Drahtende auszufließen und seine lötfördernde Wirkung auszuüben. Um sicher zu gehen, daß dabei das Harz auch dahin fließt, wo man es braucht, und zwar zur rechten Zeit, sind gewisse Regeln zu beachten, die in Kap. 2.2 näher erörtert werden.

Harzflußmittel kommen außerdem in Form von alkoholischen Lösungen oder auch von Pasten, die aus übersättigten derartigen Lösungen bestehen, in den Handel. Sie werden bei der Tauchlötung verwendet und auch überall da, wo bei einer gegebenen Lötaufgabe die im Röhrenlot enthaltene Harzmenge nicht ausreicht, die zu verzinnenden oder zu verlötenden Oberflächen mit Flußmittel zu bedecken, bevor das geschmolzene Lot sie berührt.

Die Aktivierung moderner Harzflußmittel ist eine Wissenschaft für sich, auf die einzugehen hier nicht der Platz ist. Es genügt zu sagen und dem Bastler zu versichern, daß verschiedene DIN-Normen sich eingehend mit dem Wirkungsgrad von Harzflußmitteln für den Gebrauch in der Elektrotechnik befassen. Lötdraht mit Harzseele, auf dessen Verpackung DIN 8516 angegeben ist, kann ohne Bedenken für alle elektrischen Arbeiten verwendet werden (s. auch Kap. 3.2).

Aus dem bisher Gesagten ist wohl eines klar geworden: Chlorzinkflußmittel haben zwar ein ausgezeichnetes Lötförderungsvermögen, aber ihre Nachwirkungen sind für den Elektriker unangenehm und gefährlich, so daß er sie nur in begrenzten Fällen anwenden kann. Harzflußmittel andererseits richten nach der Lötung keinen Schaden an, aber ihrer Natur nach sind sie etwas träge, und sie müssen deshalb mit Aktivatoren sozusagen aufgeputscht werden, soweit dies möglich ist, ohne daß unerwünschte Nebenerscheinungen entstehen. Die einschlägige Technologie hat in der Aktivierung der Harzflußmittel in den letzten Jahren große Fortschritte gemacht, jedoch liegt der Wirkungsgrad auch der besten unter ihnen noch immer merklich unter dem der Chlorzinksysteme. Es ist deshalb nicht zu verwundern, daß sich die Technik nach Alternativen umsieht.

Es gibt heute eine Reihe von chlorzink-freien, meist wasserlöslichen Flußmitteln, die kein Harz enthalten und die in der Brisanz ihrer Wirkung nicht viel unter dem Chlorzink liegen. Die meisten von ihnen sind auf den Salzen von organischen Stickstoffverbindungen aufgebaut, und sie haben nicht nur in der Blechverarbeitung, sondern auch in der Elektrotechnik schon weitgehend Verwendung gefunden. Ihre Rückstände müssen jedoch durch Waschen entfernt werden. Sie sind zwar weitaus besser löslich als die des Chlorzinks, aber immerhin ist eine ähnliche Nachbehandlung erforderlich. In der Industrie läßt sich dies leicht beherrschen, aber dem Amateur können diese Flußmittel bei dem heutigen Stand der Technik noch nicht ohne Vorbehalt empfohlen werden.

Merksatz:
Es gibt zwei Hauptgruppen von Flußmitteln:
1. Die aktiven, aggressiven, chlorzinkhaltigen Flußmittel, wie Lötfett und Lötwasser. Sie sind sehr wirksam, hinterlassen aber einen korrosiven, elektrisch leitenden Rückstand, der entfernt werden muß.
2. Die Harzflußmittel, langsamer wirkend, verlangen mehr Geschick und eine bessere Lötbarkeit des Lötgutes. Ihr Rückstand ist chemisch neutral, leitet den Strom nicht, und kann auf der Lötstelle belassen werden.

1.9 Lötfördernde Oberflächenschichten

Das Lötförderungsvermögen der Harzflußmittel hat seine Grenzen. Deshalb ist es für den Elektriker umso wichtiger, daß die zu verlötenden Oberflächen von vornherein die größtmögliche Lötfreudigkeit besitzen, wenn er mit diesen Flußmitteln arbeitet. Es trifft sich nun gut, daß Kupfer, welches schon seit den frühesten Tagen der Elektrotechnik seiner guten Leitfähigkeit wegen als Stromleiter gewählt wurde, auch nahe an der Spitze der Lötbarkeitstabelle steht (Kap. 1.6). Aluminium, dessen elektrische Leitfähigkeit nur um weniges geringer ist, konnte trotz seines geringeren Preises nie erfolgreich mit Kupfer für Verdrahtungszwecke konkurrieren, und zwar hauptsächlich seiner schwierigen Lötbarkeit wegen. Dazu kommt noch, daß weichgelötete Verbindungen zwischen Aluminiumdrähten in feuchter Luft korrosionsanfällig sind. Aluminiumdraht mit lötbaren Metallen wie z.B. Kupfer zu beschichten, ist unwirtschaftlich.

Kupfer läuft unter dem Einfluß der Atmosphäre in kurzer Zeit an, ein Zeichen, daß sich eine dünne Schicht von Oxyden und mitunter auch Sulfiden an seiner Oberfläche bilden Vergolden würde Kupferoberflächen natürlich die bestmögliche und auch eine lang anhaltende Lötbarkeit verleihen. In manchen Gebieten der Elektrotechnik vergoldet man in der Tat aus diesem Grund mitunter gewisse Komponenten, obwohl auch hier diese Praxis seltener wird, nicht nur des dauernd ansteigenden Goldpreises wegen, sondern weil es sich auch gezeigt hat, daß sich die Anwesenheit von Gold in einer Lötfuge ungünstig auf deren mechanische Eigenschaften auswirken kann. Deshalb wird Vergoldung heute fast nur noch seiner günstigen Oberflächeneigenschaften wegen für Kontaktleisten bei gedruckten Schaltungen und dergleichen benützt.

Weitgehend werden in der Elektrotechnik dagegen die zwei nächst besten Metalle in der Lötbarkeitsliste verwendet: Zinn und die Zinn-Blei-Legierungen. Beide, in einer Schichtdicke von 0,005 bis 0,008 mm, bilden auf Kupfer, Messing und auch Eisen einen auf lange Dauer lötfreudig bleibenden Überzug. Die Anschlußdrähte fast aller elektronischen Bauelemente werden heutzutage mit Reinzinn oder häufiger mit Blei-Zinn Legierung vom Hersteller beschichtet. Wie der Bastler sich selbst mit dem Kolben oder im kleinen Tauchbad Bauteile und Oberflächen verzinnen kann, wird in Kap. 2.6 und 2.7 behandelt.

Der große Vorteil der Vorverzinnung ist es, daß beim Löten die metallische Schutzschicht selbst wieder anfängt zu schmelzen, und daß sie auch mit dem Lot artverwandt oder sogar identisch ist. Das hilft nicht nur dem Lot, sich rascher auszubreiten, sondern vor allem etwaige Verunreinigungen, die sich an der Oberfläche der Verzinnung angesammelt haben, wegzuschwemmen und unter ihnen durchzufließen, so daß sie das gegenseitige Legieren zwischen Grundmetall und Lot nicht hindern können. Das Vorverzinnen hat sozusagen dem Löten einen Teil seiner Aufgabe schon vorweg genommen. Nur muß die Schichtdicke eben stark genug sein, und dies ist heute bei den meisten Anschlußdrähten der im Handel befindlichen Bauteile von guter Qualität gewährleistet. Eine zu dünne Vorverzinnung dagegen kann ausgesprochen löthemmend wirken: Besteht sie nämlich fast nur aus der in Kap. 1.1 beschriebenen Mischkristallschicht und das kann, besonders nach längerem Lagern, vorkommen, so kann sie beim Löten nicht wieder aufschmelzen, und vor allem haben die Mischkristalle selbst eine nur geringe Lötbarkeit.

Außer den hier beschriebenen metallischen Schutzschichten kommen kaum andere metallische Beschichtungen für das Löten in Frage. Silber läuft unter normalen Bedingungen rasch mit einer Sulfidschicht an, und es kann preislich nicht mit Zinn konkurrieren.

In der Industrie werden häufig "lötfördernde" Schutzlacke verwendet, die im Grunde genommen aus verdünnten Lösungen von Harzflußmitteln bestehen. Der Bastler wird kaum Gelegenheit haben, sie zu benutzen, doch lassen sie sich leicht durch Mischen von Flußmittel und Spiritus zu ungefähr gleichen Teilen herstellen. Mitunter stößt man auf die eigentlich mit unrecht "selbstfluxend" genannten Polyurethan-Lacke, die als Isolierlacke auf Kupferdrähten für Spulenwicklungen oft verwendet werden. Diese Lacke fangen erst bei 370° zu schmelzen an, was bedeutet, daß derart lackierte Drähte bei den normalen Löttemperaturen nicht lötbar sind. Wie man diese Drähte vorbehandelt, um sie löten zu können, wird in Kap. 2.7 beschrieben.

Merksatz:
Verzinnung mit Rein-Zinn und besonders mit 60 %igem Zinn-Blei-Lot verbessert und konserviert die Lötbarkeit von Kupfer, Messing und Stahl.

1.10 Das Reinigen vor dem Löten

Eine gute und sorgfältige Vorreinigung trägt mehr als alles andere zum guten Gelingen einer Lötung bei. Die elektronische Industrie investiert mitunter für die Vorbehandlung und Reinigung der zu lötenden Oberflächen weitaus mehr als für den eigentlichen Lötprozess, und das mit gutem Grund. Denn: Eine mißlungene Lötung zu korrigieren ist mindestens zehnmal so aufwendig als die erste Lötung selbst. Für den Praktiker gilt dasselbe: Er sollte keine Mühe scheuen, seine Lötstellen bestmöglich zu präparieren; das Löten wird dadurch umso rascher und erfolgreicher vor sich gehen.

Löthemmende Verunreinigungen können ihrer Natur nach eingeteilt werden in

a) Verschmutzung durch Fremdstoffe:
Fette, Öle Lack.
Fingerabdrücke.
Reste von Isoliermaterial.

b) Filmformende Metallverbindungen wie Oxyde und Sulfide.

Zunächst gilt die Regel, daß die erstgenannte Gruppe von Verunreinigungen auch zuerst in Angriff genommen werden sollte. Für den Bastler ist es dabei ratsam, nur Chemikalien zu benutzen, die er sich leicht beschaffen kann und mit denen er sich in seiner näheren Umgebung nicht unbeliebt machen oder gar Schaden anrichten kann. Zwischen dem Reinigen und dem Löten sollte nicht zu lange Zeit verstreichen. Läßt sich eine Wartezeit von einem oder mehreren Tagen nicht vermeiden, so lohnt es sich, die gereinigten Teile in verschlossenen Plastikbeuteln aufzubewahren.

Im Handel erhältliche Leiterplatten haben heute meist vorverzinnte Leiterzüge und Lötaugen von ausreichender Lötbarkeit. Mitunter sind sie aber mit einem Lötschutzlack versehen, der die Lötbarkeit konservieren soll, der aber nach zu langer Lagerung eher löthindernd wirken kann. Hat man über die Anwesenheit eines solchen Lackes, oder über die Lötbarkeit einer Platine überhaupt auch nur leise Zweifel, dann ist der folgende Reinigungsvorgang ratsam:

1. Abbürsten unter lauwarmem laufenden Wasser, mit Seife und Nagelbürste.

2. Nach dem Bürsten unter laufendem Wasser gut nachwaschen und dann abtropfen lassen. Bleibt die Platine gleichmäßig naß ohne daß das Wasser in einzelne Tropfen zusammenrinnt, d.h. entnetzt sich die Platine nicht, dann ist sie völlig sauber und lötbereit, sobald sie völlig trocken ist.

3. Entnetzt sie sich nach dem Abspülen, so ist wahrscheinlich eine Lackschicht dafür verantwortlich, welche mit einem in Spiritus getränkten Baumwoll- oder Leinenlappen entfernt werden kann. So lange die Platine danach und bevor der Spiritus getrocknet ist, sich klebrig anfühlt, ist der Lack noch nicht völlig entfernt und eine weitere Reinigung mit Spiritus ist nötig. Nach der völligen Reinigung soll natürlich keine Metalloberfläche mehr mit dem Finger berührt werden.

Dieses Reinigungsbeispiel kann auch in vielen anderen Situationen angewandt werden, z.B. wenn es sich um das Verlöten von Blechen oder größeren Bauteilen handelt. Für Drahtenden, Lötösen und ähnliche Teile ist jedoch das Bürsten mit Wasser und Seife meistens nicht möglich. Das Abwischen mit einem in Spiritus getränkten Lappen ist hier in den meisten Fällen völlig hinreichend. Mitunter lassen sich jedoch hartnäckige Fettschichten, hauptsächlich aber auch Flußmittelrückstände, die von einem vorhergegangenen Auslöten, vielleicht nach einer mißlungenen Lötung stammen, mit Spiritus nur langsam auflösen. In solchen Fällen hilft meistens eines der im Handel erhältlichen flüssigen Fleckenentfernungsmittel, die aus Mischungen von wirksamen, rasch flüchtigen organischen Lösungsmitteln bestehen. Man hüte sich jedoch vor Nagellackentfernern, die zwar ein äußerst gutes Lösungsvermögen haben, die aber ihrerseits wieder eine hartnäckige Fettschicht hinterlassen.

Will man ganz sicher sein, daß man alle Fettschichten wirklich völlig entfernt hat, so genügt das Eintauchen in reines Wasser und Prüfung auf Entnetzen oder Benetzen. Man darf in dieser Hinsicht nicht unnötigerweise "wasserscheu" sein. Sauberes Wasser schadet nichts, vorausgesetzt es dringt nicht in ungeschützte Bauteile ein und vor allem vorausgesetzt, daß die Lötoberflächen vor dem Zusammenfügen wieder völlig trocken sind. Beim Löten mit Harzflußmitteln können Wassertropfen in einer Lötfuge nicht nur störend, sondern besonders beim Tauchlöten wegen der stoßartigen Verdampfung etwaig eingeschlossener Wassertropfen auch gefährlich wirken (siehe Kap. 2.7).

Handelt es sich um das Säubern von einer Anzahl von kleineren Einzelteilen wie Lötösen oder Anschlußklemmen, so kann man diese auch mit Salmiakwasser halbgefüllten, verschraubbarem Glas schütteln, in einem sauberen Teesieb unter dem Wasserhahn nachspülen und sie dann auf einem Fließpapier trocknen lassen. Wie schon gesagt, ist sorgfältige Trocknung von größter Wichtigkeit. Gereinigte Teile werden auch hier am sichersten im verschlossenen Plastikbeutel aufbewahrt, wenn man sie nicht sofort verarbeitet. Einwickeln in braunes Papier, oder Aufheben in einer Kartonschachtel ist nicht zu empfehlen; manche Papiersorten enthalten Schwefelverbindungen oder andere Chemikalien, die die Lötbarkeit von Teilen, mit denen sie länger in Berührung sind, herabsetzen.

Reste von Isoliermaterial, die an Drahtenden nach dem Abisolieren noch sichtbar sind, werden am besten vor dem Entfetten durch Abschaben mit einem kleinen Messer entfernt.

In allen anderen Fällen sollte man erst dann, wenn alle Fettreste und ähnliche Verschmutzungen entfernt sind, mit dem "Blankmachen" anfangen. Darunter versteht man das Entfernen von Oxyden und Sulfiden, entweder durch Beizen mit scharfen, aggressiven Chemikalien oder durch mechanisches Abtragen der Oberfläche, z.B. mit Schmirgelpapier. Greift man zu diesem Arbeitsgang ohne vorher zu entfetten, so macht man oft die Dinge schlechter anstatt besser: Beizmittel greifen fettige Oberflächen nur ungleichmäßig, wenn überhaupt, an und eine mechanische Reinigung verreibt den Schmutz, anstatt ihn zu entfernen, und macht nachträgliches Säubern umso mühsamer.

Vom Beizen mit starken Säuren wie Salzsäure, Schwefelsäure oder Salpetersäure ist dem unerfahrenen Bastler sehr abzuraten. Das Verdünnen solcher Säuren erfordert nicht nur Vorsicht und Geschick, sondern auch ein Mindestmaß von chemischer Fachkenntnis. Auch im verdünnten Zustand können diese Säuren Schaden anrichten, sie können vor allem nicht ohne weiteres in den Ausguß geschüttet werden, und sie gehören eigentlich nicht auf den Werkplatz des Elektrobastlers. Statt ihrer ist eine warme (40 bis 50°) oder heiße (80°) 10prozentige Lösung von Zitronensäure in Wasser für die meisten beim Elektrobasteln und auch bei anderen Heimarbeiten anfallenden Beizarbeiten völlig hinreichend. Zitronensäure in Pulverform ist in jeder Drogerie erhältlich. Zwei bis drei gehäufte Teelöffel des Pulvers, genau wie Tee mit einem Viertelliter brühenden Wassers aufgegossen, geben eine Lösung, in welcher fettfreies Kupfer oder Messing innerhalb weniger Sekunden blank wird. Nach der Behandlung mit Zitronensäure genügt ein einmaliges Abspülen mit sauberem warmen Wasser.

Zum Nachspülen ist warmes Wasser immer von Vorteil, weil die gereinigten Teile dann schneller trocknen. Will man ganz sicher gehen, daß keine verborgenen Wasserreste irgendwo zurückgeblieben sind, dann kann man die vom Nachspülen noch warmen Teile in Spiritus nachspülen und dann trocknen lassen. Nach beendeter Arbeit lohnt es sich kaum, die Zitronensäurelösung aufzuheben. Sie kann ohne Bedenken in den Ausguß geschüttet werden, während man den Wasserhahn laufen läßt.

Bei stark verzundertem Kupfer, oder in Fällen, die sich nicht zum Beizen eignen, ist eine mechanische Reinigung am besten. Feines Schmirgelpapier oder Schaben mit einer Messerklinge oder einem geschärften Werkzeug, das man sich aus einem alten Sägeblatt einer Metallsäge selbst herstellen kann, sind gleich gut zum Reinigen von Anschlußdrähten geeignet. Von Stahlwolle kann nicht genug abgeraten werden. Kleinste Stückchen von Stahlwolleresten können in einer Schaltung unendlichen Ärger verursachen. Wenn bei dem mechanischen Reinigen von verzinnten Teilen oder Drähten dabei die Verzinnung beschädigt wird, so daß das blanke Kupfer oder Messing durchscheint, so schadet das im allgemeinen nicht, vorausgesetzt, daß man sofort oder innerhalb der nächsten Stunden lötet, und natürlich auch vorausgesetzt, daß die bearbeitete Oberfläche vorher völlig fettfrei war. Dazu noch ein Ratschlag: Sieht nach dem Entfetten das Kupfer oder Messing blank aus, dann ist Beizen oder Schmirgeln kaum nötig.

Abschließend eine Regel, die sich eigentlich von selbst versteht: Nach dem Reinigen dürfen Oberflächen, die gelötet werden sollen, nicht mehr mit den Fingern berührt werden. Abdrücke auch von ganz sauberen Fingern hinterlassen Spuren von Fett und anderen organischen Verbindungen, die mit Kupfer reagieren und nach einiger Zeit stark löthemmende Filme bilden können. Gut vorverzinnte Oberflächen sind in dieser Hinsicht weniger empfindlich, denn, wie oben erwähnt, schwimmen derartige Oberflächenfilme beim Aufschmelzen der Verzinnungsschicht über dem vordringenden Lot hinweg.

Merksatz:
Das sorgfältige Reinigen des Lötgutes vor dem Löten ist äußerst wichtig. Zuerst entfernt man Fett, Öl und Schmutz durch Waschen oder mit einem Lösungsmittel, und dann eventuell vorhandene Oxydschichten durch Beizen.

1.11 Reinigen nach dem Löten

Alle Harzflußmittel sind so formuliert, daß man ihren Rückstand nach dem Löten ohne Bedenken auf der Lötstelle lassen kann. Im Gegenteil, der Rückstand bildet sogar einen gewissen Schutz gegen die nachherigen Einflüsse der Atmosphäre. Trotzdem will man ihn mitunter entfernen, sei es, um sich zu vergewissern, daß die Lötung wirklich gelungen ist, sei es, damit die fertige Schaltung oder das Gerät besser aussieht.

Spiritus ist das beste Lösungsmittel für Harzreste. Bürsten mit einer in Spiritus getränkten Zahnbürste, oder Wischen mit einem ebenso getränkten Baumwoll- oder Leinenlappen sind zwei geeignete Methoden. Watte oder Nylon-Stoffreste sind ungeeignet. Die erstere wegen der Fasern, die an den Drahtenden hängen bleiben, letztere weil sie wenig Aufsaugvermögen für Spiritus haben.

Hat man chlorzinkhaltiges Lötwasser verwendet, so läßt sich der Rückstand vollständig durch Eintauchen in die obenerwähnte heiße Zitronensäurelösung und durch Nachwaschen im warmen Wasser entfernen. Einfaches Waschen im Wasser genügt meistens nicht, um Chlorzinkrückstände völlig zu entfernen. Noch weniger geeignet ist der Versuch, die sauren Chlorzinkrückstände mit Alkalien, wie Salmiak oder Sodalösung, zu neutralisieren: Die Rückstände reagieren zwar, bilden aber schwer lösliche Hydroxyde, die ihrerseits auch wieder auf einer Lötung störend wirken oder Schaden anrichten können.

Hat man mit Lötfett gearbeitet, so muß vor der Behandlung mit Zitronensäure das Fett mit einem in Spiritus getränkten Lappen abgetupft werden. Man muß dabei vorsichtig vorgehen und das Fett nicht auch dahin verschmieren, wo es ohne das Säubern nicht hingeraten wäre. Abschließend ist noch zu bemerken, daß die Nachreinigung mit Zitronensäure den großen Vorteil hat, das Lot an der Lötstelle nicht zu verfärben. Nachsäubern mit anderen verdünnten Säuren (wie z.B. einprozentiger Salzsäure) entfernt zwar Chlorzinkrückstände ebenso gründlich, gibt jedoch dem vorher blanken Lot eine grauverfärbte Oberfläche.

Merksatz:
Rückstand von Harzflußmitteln, an sich auf Elektrogeräten unschädlich, kann, wenn nötig, mit Spiritus entfernt werden. Rückstand von aktiven Flußmitteln ist mit angesäuertem Wasser abzuwaschen.

1.12 Fehlerquellen durch unsachgemäße Reinigung

Vorreinigung, die ohne die nötige Fachkenntnis ausgeführt wurde, kann eher schaden als nützen. Wovor man sich vor allem hüten muß sind Reinigungsmittel, welche Silikon enthalten. Dazu gehören heutzutage die meisten Polier- und Reinigungsmittel, die im Haushalt benutzt werden. Ein Zeichen für Silikonzusatz ist oft ein Hinweis auf der Packung, der ein langanhaltendes Blankbleiben des gereinigten Gegenstandes verspricht. Entnetzt sich die Oberfläche in Wasser nach der Reinigung, dann kann man ziemlich sicher sein, daß das Putzmittel einen Silikonfilm hinterlassen hat. Derartige Filme können stark löthemmend wirken und sie sind auch nicht leicht zu entfernen. Abreiben mit Schmirgelpapier, oder bei größeren Flächen und in geeigneten Fällen energisches Bürsten mit Vim-Pulver und heißem Wasser, ist dann die beste Nachbehandlung.

Das Polieren von zu verlötenden Oberflächen ist nicht nur unnötig, sondern schädlich. Abgesehen von der Silikongefahr, die die meisten dem Bastler zugänglichen Poliermittel mit sich bringen, sind glatte und glänzende Oberflächen weniger lötfreundlich als matte, körnige oder rauhe. So sieht beispielsweise Kupfer, wenn es in seinem bestlötbaren Zustand ist, matt-lachsrosa aus. Gleicht es dagegen einem blankgeputzten Kupferkessel, so kann man beim Löten Schwierigkeiten erwarten.

Mikroskopisch gesehen besteht Oberflächenrauhigkeit aus einer großen Anzahl kleinster Rillen und Vertiefungen, die alle eine gewisse Kapillarkraft auf das vordringende Lot ausüben und ihm helfen sich auszubreiten. Rauhigkeit oder Körnung ergibt eine größere spezifische Oberfläche pro Oberflächeneinheit und dies hilft dem geschmolzenen Lot, rasch mit dieser Oberfläche zu reagieren und sich zu legieren. Freilich zeigt dies auch wie wichtig die völlige Abwesenheit von Fremdschichten ist, die ihrerseits das Eindringen von Lot in einen Kapillarspalt völlig unmöglich machen können (siehe Kap. 1.5).

In der elektronischen Industrie wird große Sorgfalt darauf verwendet, daß alles Spülwasser, mit dem Schaltplatten oder zu lötende Teile behandelt werden, völlig demineralisiert ist, das heißt, es darf kein hartes Wasser zur Reinigung verwendet werden. Der Bastler dagegen kann ohne jedes Risiko normales Leitungswasser, auch wenn es hart ist, zur Vorreinigung verwenden. Die einzige Vorsichtsmaßregel die in Hartwasserbezirken mehr als sonst zu beachten wäre ist, daß überschüssiges Wasser von nassen Teilen vor dem normalen Trocknen an der Luft gut abzuschütteln ist. Trocknen mit einem Lappen, mit Papier oder mit Watte ist zu vermeiden.

Von der Gefahr, gereinigte Teile in braunem Papier oder in Kartonschachteln aufzubewahren, war schon die Rede. Feuchte Luft, Dampf, und natürlich vor allem Küchendunst sind gefährlich für Oberflächen die zu löten sind. Atmosphären dieser Art können schon nach einem Tag die Mühe einer sorgfältigen Reinigung zunichte machen. Abschließend seien nocheinmal die wichtigsten drei Vorbedingungen zu einer guten Lötung zusammengefaßt:

1. Sauberkeit
2. Sauberkeit und
3. Sauberkeit.

Merksatz:
Peinliche Sauberkeit ist eine Vorbedingung zum erfolgreichen Löten. Jedoch kann Vorreinigung mit ungeeigneten Mitteln eher schaden als nützen. Man vermeide Haushaltsputzmittel, weil sie oft löthemmende Silikon-Produkte enthalten.

2 Das praktische Löten

2.1 Der Lötkolben. Seine Konstruktion und Arbeitsweise

Im Prinzip gesehen handelt es sich bei der Kolbenlötung darum, ein Stück heißen Kupfers mit dem Lötgut in Berührung zu bringen, um es auf die nötige Löttemperatur zu erhitzen. Der Erfolg dieses Vorhabens hängt von einer Reihe von Umständen ab, die uns in den folgenden Kapiteln näher beschäftigen werden. Weil es sich beim Löten um einen Erhitzungsvorgang handelt, interessieren zunächst die sogenannten thermischen Eigenschaften des Kupfers und der Metalle, die der Bastler beim Löten antrifft. Zwei Zustandsgrößen sind hier besonders wichtig:

1. Die Wärmeleitfähigkeit
In Kap. 1.4 wurde erwähnt, daß Wärme eine Energieform ist. Die Wärmeleitfähigkeit gibt ein Maß für die Leichtigkeit, mit der diese Energie in einer gegebenen Substanz von einer Stelle höherer Temperatur zu einer Stelle niedrigerer Temperatur fließen kann. Dabei ist es auch für den Bastler wichtig, sich darüber klar zu sein, daß zu diesem Wärmefluß ein Temperaturgefälle nötig ist. Für gewöhnlich mißt man die Wärmeleitfähigkeit in cal/sec/cm/°C. In der nachfolgenden Tabelle wird jedoch die Wärmeleitfähigkeit in Watt/cm/°C angegeben, um dem Praktiker eine bessere Vorstellung zu geben, um welche Größenordnungen es sich hier handelt. Aus der Bezeichnung ist ersichtlich, daß die Wärmeleitfähigkeit hier den Energiefluß pro cm^2 Querschnitt entlang eines Temperaturgefälles von 1°C pro cm darstellt. (Watt x cm/cm^2 x °C).

2. Die spezifische Wärme
Diese Größe gibt die Wärmemenge an, die erforderlich ist, um die Temperatur von 1 Gramm einer gegebenen Substanz um

1 °C zu erhöhen. Die meisten Leser werden sich noch daran erinnern, daß die geläufige Wärmeeinheit einer Kalorie (cal) so gewählt ist, daß die spezifische Wärme von Wasser bei 15 °C genau 1.000 cal pro Gramm beträgt.

Dem Elektriker wird es leicht fallen, sich eine elektrische Analogie für den Wärmefluß dadurch zu konstruieren, indem er die folgenden Äquivalente benützt:

Kalorie = Coulomb
Wärmefluß = Ampere
Temperaturgefälle = Volt
Wärmeleitfähigkeit = Ohm^{-1}
Spez. Wärme = Farad.

Die folgende Tabelle gibt nun die thermischen Eigenschaften einiger beim Löten wichtiger Metalle:

Metall	Wärmeleitfähigkeit Watt/cm/°C	Spez. Wärme cal/gramm
Kupfer	3,9	0,09
Aluminium	2,2	0,21
Messing	1,2	0,09
Stahl	0,5	0,12
Lot (60 % Zinn)	0,5	0,05

Die Tabelle erklärt, warum man Lötkolben aus Kupfer herstellt: Im Kupfer hat es die Wärmeenergie am leichtesten, dahin zu fließen, wo man sie braucht. Bei Aluminium wären zwar die thermischen Eigenschaften auch nicht ungünstig, jedoch wird es trotz seines niedrigeren Preises nicht für Lötkolben benutzt. Es ist nur schwer vom Lot benetzbar (s. Kap. 1.6), und deshalb wäre es nicht leicht, an der Lötspitze den so nötigen Tropfen geschmolzenen Lotes zum Haften zu bewegen. Noch hinderlicher ist der Umstand, daß unvermeidlicherweise sich einiges Aluminium von einer derartigen Lötspitze im geschmolzenen Lot auflösen würde. Diese, wenn auch geringe, Verunreinigung würde das Lot zum Löten vollkommen unbrauchbar machen (s. Kap. 3.1). Bei Kupferlötspitzen löst sich ebenso unvermeidlicherweise etwas Kupfer in dem aufgetragenen Lot auf. Dabei bleibt jedoch der Betrag der Kupferverunreinigung des Lotes, der dadurch entsteht, so niedrig, daß er keinen schädlichen Einfluß auf das Fließvermögen oder die Qualität der fertigen Lötstelle hat. Andererseits jedoch verkürzt diese Erscheinung die Lebensdauer der Lötspitze. Man begegnet ihr entweder dadurch, daß man ein Lot verwendet, das von vornherein schon etwas Kupfer enthält, und das deswegen das Kupfer der Lötspitze weniger angreift. Ein anderer Weg ist es, die Lötspitze mit einem Metall zu beschichten, das die Wärme relativ gut leitet und das sich auch mit Lot verzinnen läßt, wie z.B. Eisen, das aber andererseits eine geringere Löslichkeit im geschmolzenen Lot hat, und deshalb während des Gebrauchs weniger rasch von ihm angefressen wird.

Derartige sogenannte Dauerlötspitzen sind meistens mit einem galvanisch aufgebrachten Eisenüberzug von einigen Zehntel Millimeter Dicke versehen. Da Eisen doch etwas schwerer zu verzinnen ist als Kupfer, wird das Ende der Lötspitze, die sogenannte Lötbahn, meistens vom Hersteller selbst vorverzinnt. Der Schaft der Lötspitze wird verchromt, um das Eisen vor dem Rosten zu schützen. Zwar löst sich auch Eisen mit der Zeit im geschmolzenen Lot auf, aber mehr als zehnmal langsamer als blankes Kupfer. Eine Eisen-vergütete Lötspitze hält bei einer durchschnittlichen Betriebstemperatur von 350° ungefähr 100.000 Lötungen mit 60 %igem Lot aus.

Noch vor wenigen Generationen bestanden die meisten Handlötkolben aus einem Stück geschmiedeten Kupfers von geeigneter Form, das auf einen mit einem hölzernen Handgriff versehenen Eisenstab aufgenietet oder aufgeschraubt ist (s. *Abb. 2.1*). Ursprünglich wurden die Kolben in einem Holzkohlenfeuer, spä-

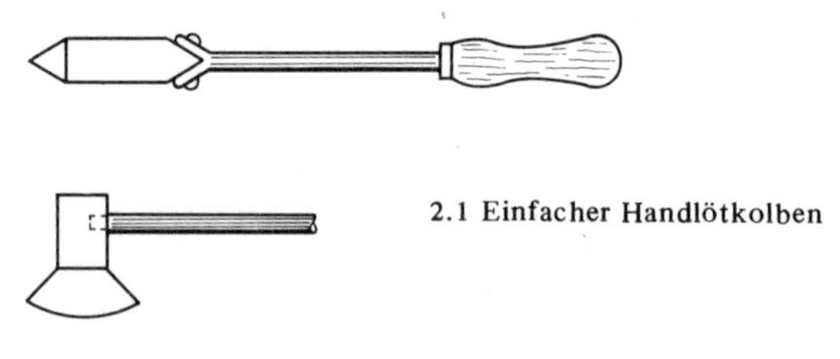

2.1 Einfacher Handlötkolben

ter auf speziell gebauten Gasbrennern erwärmt. Es gibt auch Kolben, die vor den Brenner einer Benzin-Lötlampe gesteckt werden können.

Solche unbeheizte Handlötkolben sind auch heute noch erhältlich, und in Situationen, wo der Bastler zwar Zugang zu einer Gasleitung oder einem Butanbrenner, nicht aber zu einem elektrischen Anschluß hat, werden sie auch verwendet. Im Notfall kann man solche Kolben auch auf dem Brenner eines Gaskochherdes erwärmen, normalerweise aber benützt man einen Bunsen- oder einen Butanbrenner und improvisiert eine geeignete Ablage für den Lötkolben, die dafür sorgt, daß sich der Kolben in dem heißen Teil der Flamme befindet, d.h. kurz über dem inneren hellblauen Kegel der Flamme. Dabei ist auch noch darauf zu achten, daß die Flamme auf den Körper des Kolbens trifft und nicht auf die Lötspitze.

Das Arbeiten mit den äußerlich beheizten Gaslötkolben erfordert etwas Erfahrung und Geschick, vor allem aber Aufmerksamkeit. Erfahrung hilft, die Temperatur einzuschätzen. Sie läßt sich prüfen, indem man die Lötspitze mit dem Ende eines Lötdrahtes mit Harzseele berührt. Schmilzt der Draht sofort, dann ist der Lötkolben warm genug. Fängt die dabei auslaufende Harzfüllung an zu brennen, dann ist er zu heiß. Wenn die Flamme des Heizbrenners anfängt grünlich zu werden, ist es auch ein Zeichen, daß der Kolben zu heiß wird. Geschick ist nötig, um mit dem heißen Kolben umzugehen, ohne sich die Finger zu verbrennen. Aufmerksamkeit aber vor allem, um den Kolben auf der Flamme nicht zu vergessen und ihn so nach einer Viertelstunde rotglühend und halbverzundert vorzufinden. Aufmerksamkeit auch, um den heißen Kolben nicht versehentlich auf der guten Werkbank, einem teuren Bauteil, oder sonstwo, wo er nicht hingehört, abzulegen. Dazu wird noch in Kap. 3.3 eingehender die Rede sein.

Das Löten mit dem ungeheizten Lötkolben ist heute allerdings zur seltenen Ausnahme geworden, seit der moderne elektrisch beheizte Lötkolben sich als leistungsfähiges, zuverlässiges, einfaches und auch preiswertes Werkzeug ausnahmslos in jeder Werkstatt eingeführt hat, in der ein Stromanschluß zur

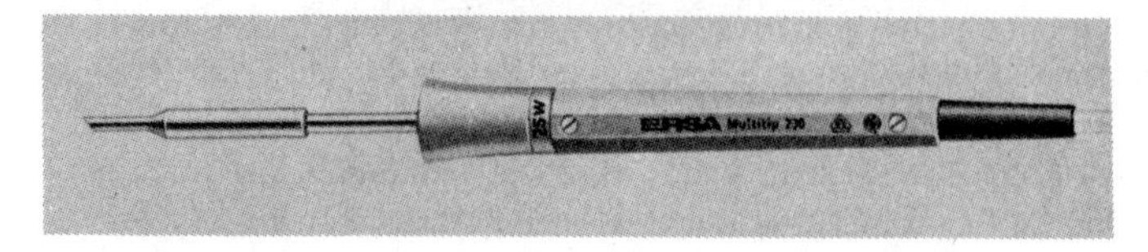

2.2 Elektrischer Lötkolben; Lötspitze von innen beheizt (Photo Ersa)

Verfügung steht. Im Prinzip stützt sich die Konstruktion des elektrischen Lötkolbens auf die des oben beschriebenen Handlötkolbens mit der Abänderung, daß der Kupferkolben an dem der Lötspitze entgegengesetzten Ende durch einen geeignet gewickelten und dimensionierten elektrischen Widerstand beheizt wird. *Abb. 2.2* zeigt ein Beispiel eines für den Elektrobastler geeigneten Lötkolbens.

Ein elektrischer Lötkolben besteht grundsätzlich aus der Lötspitze, dem Heizkörper, und dem Griff mit dem Stromzuführungskabel. Da sich Lötspitzen mit der Zeit im Gebrauch abnützen, und damit man mitunter für eine gegebene Lötaufgabe eine andere Spitze wählen kann, sind bei allen elektrischen Lötkolben die Spitzen auswechselbar.

Prinzipiell bestehen zwei Möglichkeiten den Heizkörper mit der Lötspitze zu verbinden. Bei Lötkolben geringerer Leistung, bis zu 25 Watt, kann die Lötspitze über den stiftförmig ausgebildeten Heizkörper gesteckt werden (Abb. 2.2). Diese Anordnung gewährleistet eine maximale Ausbeutung der Heizleistung. Die Dimensionen der Lötspitze selbst, und damit der Energieverlust durch Strahlung, sind so bemessen, daß sich im "Leerlauf" eine Lötspitzentemperatur von ungefähr 350° einstellt. Andererseits lassen sich die konstruktiven Probleme, eine gegebene Heizleistung auf ein relativ kleines Volumen zu konzentrieren, nur bis zu gewissen Wattleistungen beherrschen. Bei Kolben höherer Leistung steckt die Lötspitze ihrerseits in einem als Manschette ausgebildeten Heizkörper *(Abb. 2.3)*. Der Wirkungsgrad ist hier etwas geringer, weil die Heizmanschette selbst nach außen Hitze abstrahlt. Andererseits lassensich mit dieser Konstruktion Heizleistungen bis zu 0,5 kW, wie sie für schwere Klempnerarbeiten nötig sind, bewältigen.

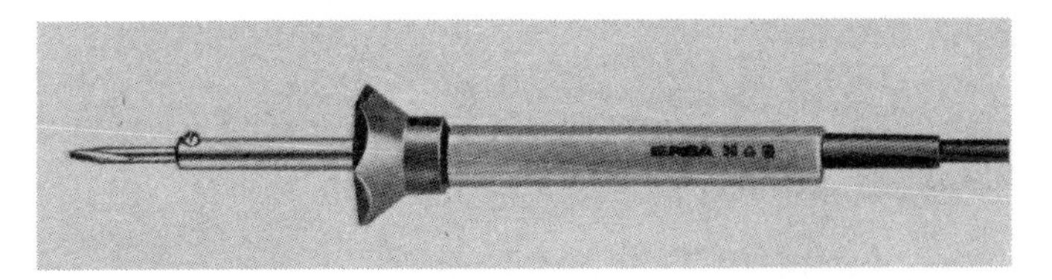

2.3 Elektrischer Lötkolben; Lötspitze von außen beheizt (Photo Ersa)

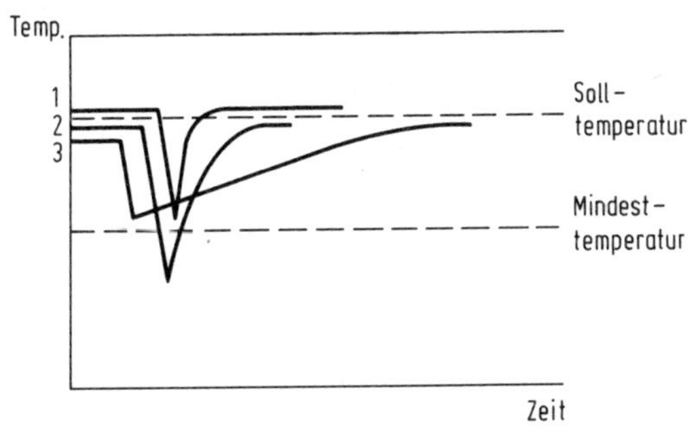

2.4 Temperaturverlauf der Lötspitze beim Löten

Für den Elektrobastler kommen im allgemeinen Kolben zwischen 15 und 30 Watt in Betracht. Für feine und feinste Lötungen an Mikroschaltungen sind Lötkolben oder Lötnadeln von nur fünf Watt Leistung erhältlich.

Der beim Löten auftretende Wärmefluß bedint ein momentanes Absinken der Lötspitzentemperatur, und es ist die Aufgabe des Kolben-Konstrukteurs, die Dimensionen und die Wärmekapazität des Kupferkörpers und die Leistung der Heizwicklung derart aufeinander abzustimmen, daß die Temperatur der Lötspitze während der Lötung nicht zu tief absinkt, und daß sie sich nach der Lötung rasch wieder erholt (s. *Abb. 2.4*).

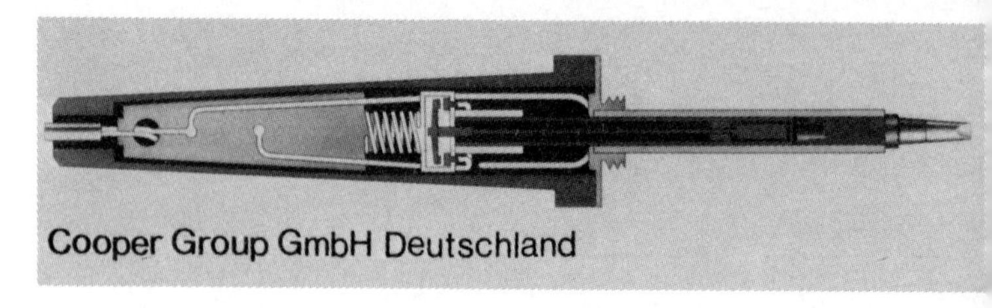

2.5 Curiepunkt Thermostatik2.

Die hierbei notwendigen Kompromisse werden bei Lötkolben mit thermostatischer Temperaturregelung weitgehend vermieden. Bei ihnen kann eine höhere Heizleistung zugelassen werden, die ein rasches Erholen der Temperatur während und nach dem Löten gewährleistet, ohne zu Überhitzungen bei längeren Ruhepausen zu führen.

Zur thermostatischen Temperaturregelung hat man eine Auswahl verschiedener Systeme: Eine elegante Lösung der Temperaturregelung benützt den sogenannten Curie-Punkt. Dies ist die Temperatur bei der "ferromagnetische" Metalle wie Eisen oder Nickel sprunghaft vom magnetischen in den unmagnetischen Zustand übergehen. Durch geeignete Wahl der Legierungszusammensetzung kann man bei diesen Metallen einen beliebig gewünschten Curiepunkt zwischen 100° und 380° erzielen. Bei Lötkolben dieser Art wird ein kleiner Bolzen aus dem Werkstoff, der den gewünschten Curiepunkt besitzt und der direkt mit der Lötspitze in Berührung ist, als Temperaturfühler benützt. Unterhalb des Curiepunktes hält der hier magnetische Bolzen mit Hilfe eines mit einem Dauermagneten versehenen Kontaktes den Heizstromkreis geschlossen. Steigt die Temperatur über den Curiepunkt, so läßt der nunmehr unmagnetisch gewordene Bolzen den Dauermagneten los, der Kontakt öffnet sich und der Heizstromkreis wird unterbrochen. Beim Abkühlen unter den Curiepunkt zieht der Bolzen den Magneten wieder an und schließt den Heizstromkreis aufs neue *(Abb. 2.5)*.

Andere thermostatisch geregelte Lötkolben benützen die Wärmeausdehnung eines Temperaturfühlers um den Heizstrom ein- und auszuschalten *(Abb. 2.6)*. Bei einer weiteren Bauart

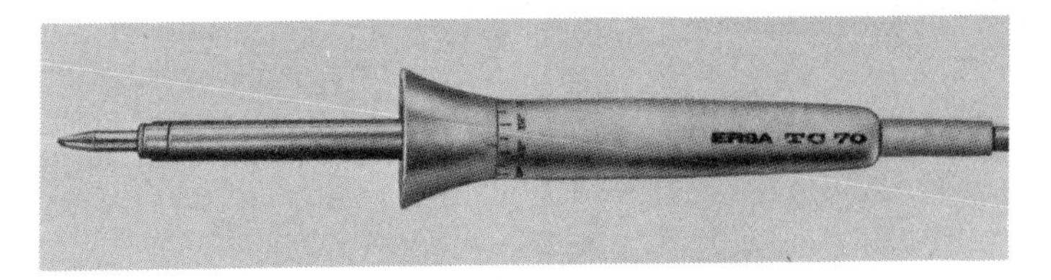

2.6 Wärmeausdehnung Thermostatik

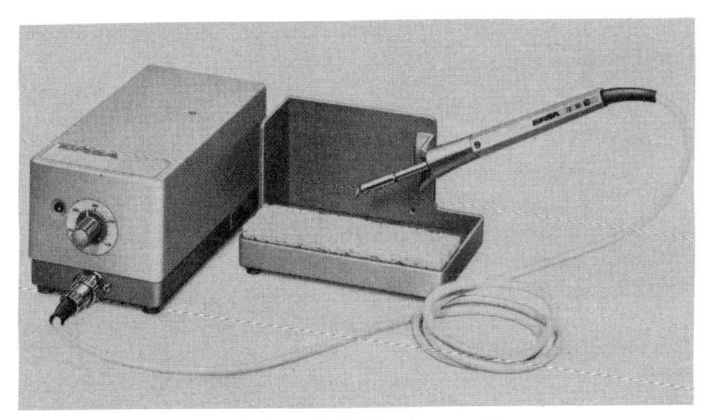

2.7 Elektronische Regelautomatik

wird die Temperatur der Lötspitze mit Hilfe eines kleinen Thermoelementes gemessen, welches mit der Lötspitze verbunden ist. Das Thermoelement seinerseits betätigt eine elektronische Schalt- und Regelautomatik, welche vom Lötkolben getrennt in einem Schaltkasten untergebracht ist *(Abb. 2.7)*.

Bei der Curiepunkt-Thermostatik ist die Temperatur nicht stufenlos regelbar. Wünscht man eine andere Temperatur, dann muß ein Temperaturfühler mit einem anderen Curiepunkt in den Kolben eingesetzt werden. Bei den anderen Regelsystemen ist die Temperatur stufenlos verstellbar.

Mit welcher Art Kolben soll der Bastler nun arbeiten? Für den Anfänger und für alle, die nur gelegentlich, und dann nicht viele Lötstellen löten, wäre ein Kolben mit Temperaturregelung wohl unnötig. Thermostatische Kolben sind hauptsächlich dann nützlich, wenn eine große Anzahl von Lötungen hintereinander gemacht werden sollen, mit gelegentlichen Pausen, ein Arbeitstakt, der hauptsächlich in der Industrie vorkommt. Hier sind thermostatisch geregelte Kolben, die konstante und reproduzierbare Lötbedingungen, ohne zu hohe "Leerlauftemperaturen", von größtem Vorteil. Der stufenlos regelbare Kolben kann für den geübten Bastler von Nutzen sein, wenn er mit Sonderloten mit besonders hohem oder niedrigem Schmelzpunkt arbeitet, vor allem, wenn er sogenannte Sequenzlötungen ausführen will (s. Kap. 3.1).

Zum Abschluß dieses Kapitels sind einige Worte über die Pflege des Lötkolbens angebracht:

Die Kolbenspitze hat die Aufgabe, die Lötstelle zu erwärmen. Zur guten Wärmeübertragung muß dazu auf der Lötbahn ein kleiner Tropfen Lotes haften, der sauber und nicht mit Flußmittelresten oder Zunder bedeckt sein darf. Den Tropfen erhält man durch ein kurzes Betupfen der Lötbahn mit dem Lötdraht unmittelbar vor dem Löten, und um ihn gut haften zu lassen, muß die Lötbahn an der Spitze immer gut und sauber verzinnt sein. Unvergütete Kupferlötspitzen verzinnt man vor der ersten Lötung, indem man sie mit Schmirgelpapier oder einer Drahtbürste blank macht, aufheizt, und bevor das Kupfer dunkel anläuft, mit harzgefülltem Lötdraht oder Stangenlot und Lötfett verzinnt. Eventuell kann man, wenn die Spitze erst einmal warm ist, durch weiteres Bearbeiten mit der Drahtbürste nachhelfen. Sobald die Spitze gut verzinnt ist, wischt man überschüssiges Lot und restliches Flußmittel mit einem sauberen feuchten Leinen- oder Baumwollappen ab. Man hüte sich hier vor Lappen die Kunststoff-Fasern enthalten. Viele derartige Fasern fangen auf der heißen Lötspitze zu schmelzen an und verschmieren sie derart, daß man nach guter Reinigung mit der Verzinnung wieder von vorne anfangen muß. Bei eisenvergüteten Spitzen ist die Verzinnung, wie gesagt, schon vom Hersteller aufgebracht.

Die Lötspitze muß während des Gebrauchs immer gut und sauber verzinnt gehalten werden, und etwas Sorgfalt bei der

Pflege des Kolbens erspärt viel Ärger. Nach beendetem Löten entfernt man anhaftende, eventuell verkohlte Flußmittelreste durch Schaben mit einem Stück alter Schaltplatte, oder mit einer Messing-Drahtbürste, solange die Spitze noch warm ist. Auf keinen Fall darf man bei vergüteten Dauerlötspitzen eine Feile oder eine harte Stahldrahtbürste benützen, um die Vergütung nicht zu beschädigen.

Bei unvergüteten Kupferspitzen bildet sich nach einiger Zeit auf der Lötbahn eine mehr oder weniger dicke Schicht von hartem, weißlichen Kupfer-Zinn-Mischkristall (siehe Kapitel 1.1). Diese Schicht hindert den Wärmefluß, und vor allem das Anhaften des kleinen, zur Wärmeübertragung nötigen Lottropfens. Die Schicht läßt sich mit einer mittelgroben Feile entfernen, am besten wenn die Lötspitze noch warm ist. Sofort nach der Reinigung wird die Spitze wieder frisch verzinnt. Bei Lötkolben mit Heizmanschette verzundert das im Heizkörper sitzende Spitzenende, wenn es sich um unvergütete Kupferspitzen handelt, und dies beeinträchtigt die Wärmeübertragung zwischen Heizung und Spitze. Nach 30 – 50 Betriebsstunden ist es daher angebracht, die Spitze aus der Manschette zu ziehen und den Zunder durch Abklopfen oder mit einer Metalldrahtbürste zu entfernen.

Viele Lötkolben-Ablageständer sind mit einem Viskose-Schwamm versehen (Abb. 2.2), der zum Sauberhalten der Lötspitze dient. Der Schwamm wird mit Wasser feucht gehalten. Sobald man vor dem Löten den Kolben aus der Ablage gehoben hat, streicht man mit der Lötspitze leicht und kurz über den feuchten Schwamm, um die verzinnte Lötbahn blank zu machen und um Oxyde, die sich auf der Verzinnung während der Standzeit gebildet haben, abzuwischen, bevor man den Lottropfen, wie oben beschrieben, aufbringt. Langes Herumreiben auf dem Schwamm jedoch schadet nur, weil es die Lötspitze abkühlt, und "passiv", d.h. unbenetzbar machen kann.

Merksatz:
Für den Bastler ist der moderne elektrische Lötkolben am geeignetsten, und dem primitiven unbeheizten Lötkolben vorzuziehen. Man wählt am besten Kolben mit einer Leistung zwischen 15 und 40 Watt. Die Pflege des Kolbens dient vor allem der guten Verzinnung der Lötspitze. Eine sauber verzinnte Spitze ist für sauberes Löten unerläßlich.
Für den Anfänger ist ein Kolben mit 30 oder 40 Watt am besten. Kolben mit Thermostatik und Temperaturregelung sind mehr für den erfahrenen Bastler gedacht.

2.2 Das Arbeiten mit dem Lötkolben. Verlöten von Leiterplatten

Jeder, der mit Lötkolben und Lötdraht zum ersten Mal arbeitet, wird finden, daß er zumindest drei Hände, mitunter aber auch vier haben müßte, um mit dem Löten zurecht zu kommen: Drei Hände auf jeden Fall, denn in der einen hält er das Lötgut, in der zweiten den Kolben und in der dritten den Lötdraht. Mitunter vier, denn das Lötgut besteht ja oft aus zwei Teilen, die zu verbinden sind, und die während des Lötens in gegenseitigem Kontakt gehalten werden müssen, und zwar ohne dabei ihre Lage zu verändern, also ohne zu wackeln oder zu verrutschen.

Der Besuch einer Lötabteilung in der elektronischen Industrie oder bei einem erfahrenen Bastler oder Spengler löst das Drei-Händeproblem: Das Lötgut wird nie mit der Hand festgehalten, sondern auf eine geeignete Weise so eingespannt, daß Kolben und Lot bequem auf die Lötstelle gebracht werden können ohne dabei die Sicht zu verdecken oder das Lötgut zu verrücken. Eine der häufigsten Arbeiten des Elektrobastlers besteht darin, Komponenten in Leiterplatten einzulöten. Zum Festhalten der Leiterplatte für das Löten sind für den Berufselektriker verschiedene Einspannrahmen erhältlich, die auf Platten verschiedener Größe eingestellt werden können und dabei die Platte in geeigneter Schräglage für das Löten fixieren (s. *Abb. 2.8*). Dem einfallsreichen Bastler wird es jedoch nicht

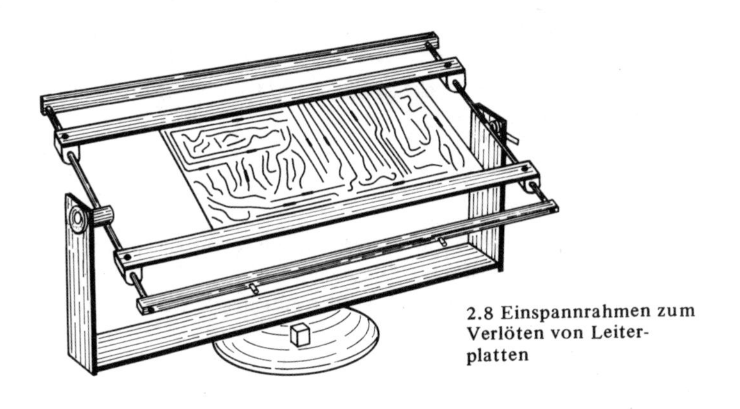

2.8 Einspannrahmen zum Verlöten von Leiterplatten

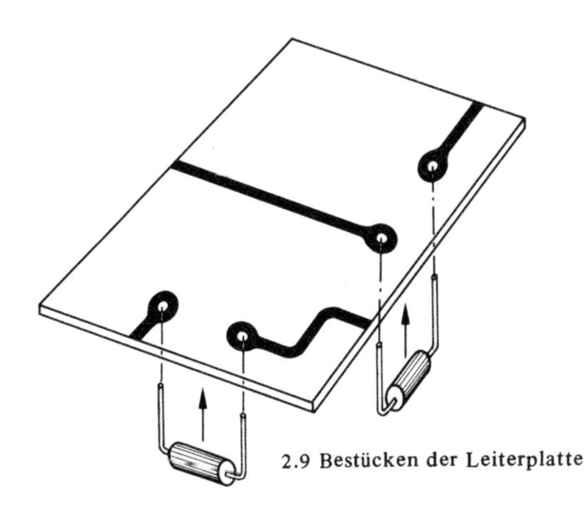

2.9 Bestücken der Leiterplatte

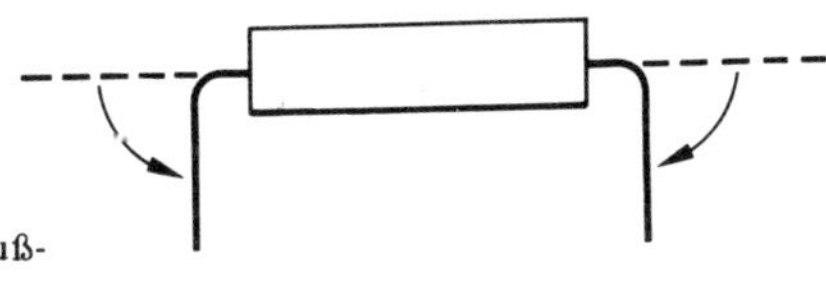

2.10 Zurichten der Anschlußdrähte

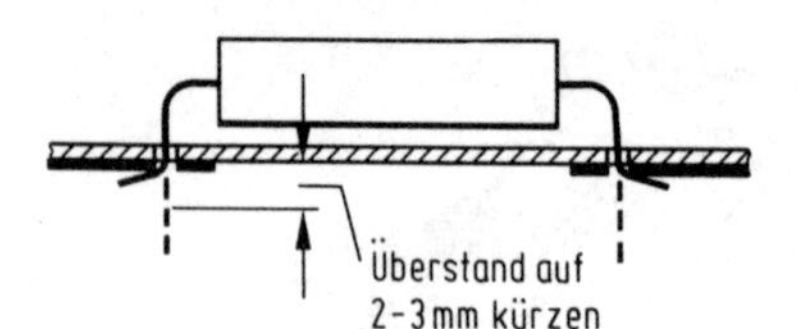

2.11 Kürzen und Abwinkeln der Anschlußdrähte

schwer fallen, sich eine einfache Halterung selber zu bauen, die er in seinem Schraubstock einklemmen kann.

Die einzulötenden Bauteile werden mit ihren Anschlußdrähten vor dem Löten in die, heutzutage meist vormarkierten, für sie bestimmten Bohrungen eingesteckt, und zwar natürlich von der den Leiterzügen entgegengesetzten Seite her (s. *Abb. 2.9*). Vorher werden die Anschlußdrähte rechtwinklig zur Längsachse des Bauteiles so abgebogen, daß die Drahtenden denselben Abstand voneinander haben wie die zugehörigen Bohrungen (s. *Abb. 2.10*). Als Nächstes werden die so entstandenen Beinchen mit einem Seitenschneider entsprechend gekürzt, so daß sie nach dem Einstecken des Bauteiles nicht mehr als 3 bis 5 mm über die Unterseite der Platte herausragen. Anschließend werden sie nach dem Einstecken abgewinkelt, so daß zwischen dem Drahtende und der kupferkaschierten Lochumrandung ein Winkel von ungefähr 20 bis 30° entsteht. Dabei ist darauf zu achten, daß durch das Abwinkeln nicht die Gefahr des Kurzschlusses mit einem benachbarten Leiterzug entsteht (s. *Abb. 2.11).*

Bei der maschinellen Leiterplattenverlötung in der elektronischen Industrie werden sehr oft die abgeschnittenen Leiterenden gerade gelassen, um einen Arbeitsgang zu sparen. Dabei wird das Bestücken und Verlöten derart gehandhabt, daß die Leiterplatte nie "auf den Kopf" gestellt wird, so daß keine Gefahr besteht, daß die eingesetzten Bauteile wieder aus der Platte herausfallen. Oft werden auch in der Industrie die Drahtenden flach gegen die Unterseite der Leiterplatte gebogen, wovon man sich eine mechanisch stärkere Lötstelle verspricht.

Für den Bastler ist jedoch die besagte Abwinkelung das beste. Sollte er sich z.B. in der Wahl des Bauteiles geirrt haben, oder sonst aus irgendeinem Grund während des Zusammenbaues oder bei einer späteren Reparatur das Bauteil durch so-

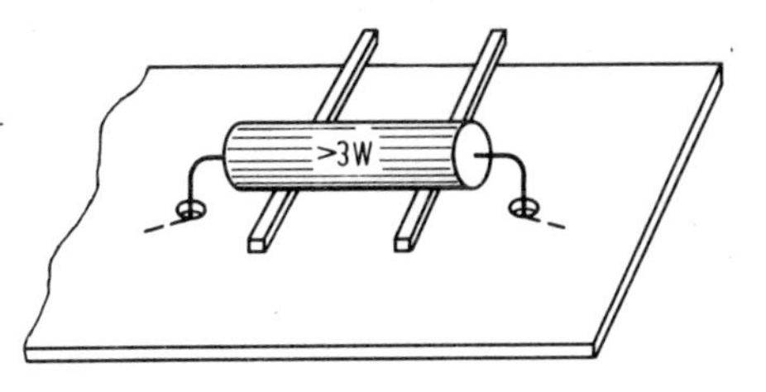

2.12 Abstandhalten zwischen Leiterplatte und Widerstand

genanntes Auslöten wieder entfernen wollen, so kann er mit einer meißelförmigen Lötspitze unter das Drahtende fahren und es wieder gerade biegen, während die heiße Lötspitze dabei das Lot geschmolzen erhält. Das Drahtende wird dann aus der Platte gezogen, und derselbe Vorgang wiederholt sich am zweiten Anschlußdraht. (Siehe auch Kap. 2.8).

Noch ein weiterer Hinweis: Bei Widerständen von mehr als 3 Watt Leistung empfiehlt es sich, beim Bestücken dafür zu sorgen, daß der Widerstand nicht direkt auf der Plattenoberseite aufliegt. *Abb. 2.12* zeigt, wie zwei Streichholzenden, die nach dem Löten wieder entfernt werden, sich gut für diesen Zweck eignen.

DIL-Bauteile (Dual-in-line) besitzen statt der Anschlußdrähte vorgeformte, aus Blech gestanzte Füßchen. Die für sie in der Leiterplatte vorgesehenen Löcher sind meist so bemessen, daß das Bauteil nach dem Eindrücken in die Platte darin stecken bleibt. Sollte dies nicht der Fall sein, so kann man nach dem Einsetzen die Beinchen etwas auseinander spreizen und so einen festen Sitz erreichen.

In Anbetracht der Ausführungen in Kap. 1.12 ist es klar, daß alle diese Biegearbeiten nicht mit der Hand, sondern mit einer geeigneten und vor allem sauberen Flachzange ausgeführt werden sollten. Die Zangenbacken dürfen auf keinen Fall mit Öl oder Fett verschmutzt sein.

Zum Verlöten von bestückten Leiterplatten benützt man am besten eine meißelförmige Lötspitze *(Abb. 2.13)*. Der Lötvorgang selbst spielt sich folgendermaßen ab: Man schiebt zuerst die Lötspitze seitlich gegen das abgebogene Drahtende derart, daß die flache Meißelseite auf der Kupferkaschierung

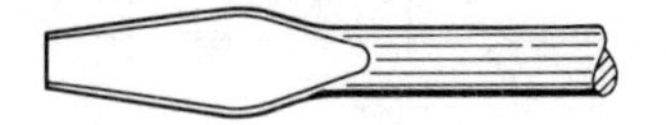

2.13 Meiselförmige Lötspitze

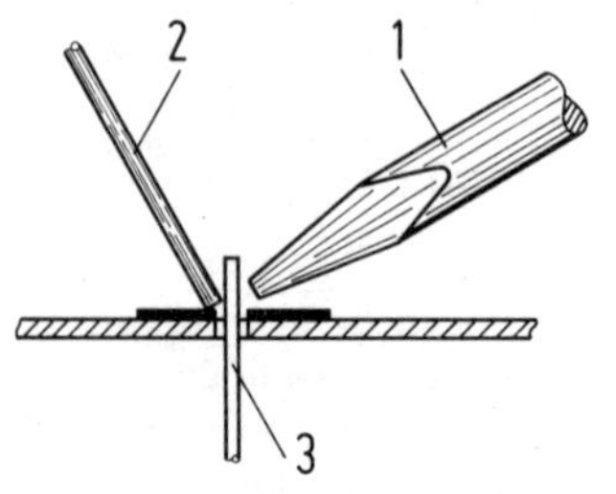

1 Lötspitze, 2 Lötdraht, 3 Anschlußdraht

2.14 Löten mit meiselförmiger Spitze

aufliegt, wobei die Meißelschneide das umgebogene Drahtende berührt. Unmittelbar danach berührt man mit dem Ende des Lötdrahtes (mit Harzseele, 1,0 oder 1,5 mm Ø) die Hohlkehle zwischen Drahtende und Kupferkaschierung auf der der Lötspitze gegenüberliegenden Seite (s. *Abb. 2.14*). Die Lötstelle ist nun in der Zwischenzeit schon genügend warm geworden, um das Harzflußmittel im Lötdrahtende zum Schmelzen zu bringen, so daß es aus dem Drahtende austritt und über die Lötstelle zu fließen beginnt. Kurz darauf ist die Lötstelle schon so heiß geworden, daß das Lot selbst anfängt zu schmelzen. Es fließt nun schnell in die vom Flußmittel bedeckte Hohlkehle und auch auf den Rest der Lochumrandung als silbrig glänzende Flüssigkeit, der das geschmolzene Harz sofort Platz macht. Sobald das Lot überall dahin geflossen ist, wo man es braucht, hebt man den Lötdraht und die Lötspitze von der Lötstelle ab. Der ganze Vorgang dauert nicht viel länger und oft weniger als eine Sekunde. *Abb. 2.15* zeigt, wie die Lötstelle aussieht, wenn alles gut gegangen ist.

Das wichtigste Merkmal des hier beschriebenen Vorgehens ist der Umstand, daß der Lötdraht durch die Berührung mit der vorgewärmten Lötstelle zum Schmelzen kommt, aber nicht durch eine direkte Berührung mit der heißen Lötspitze. Dadurch wird

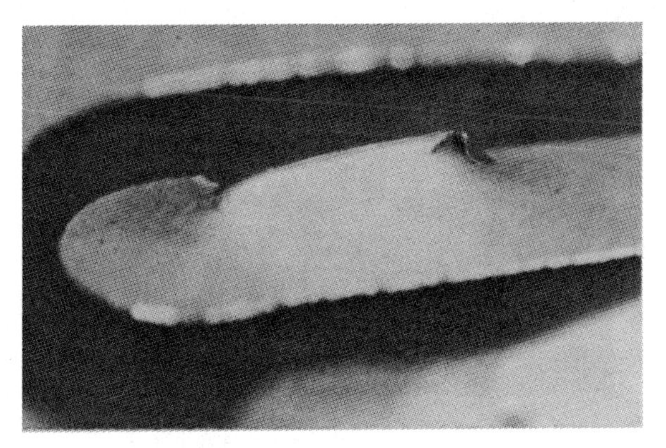

2.15 Gute Lötstelle (Photo Tin Research)

erreicht, daß das Flußmittel die Lötstelle bespült und reinigt, bevor das geschmolzene Lot selbst an die Lötstelle tritt. Die Reihenfolge – erst Flußmittel, dann geschmolzenes Lot – muß prinzipiell bei allen Lötvorgängen eingehalten werden, gleichviel, ob es sich um Handlötung, Tauchlötung, Maschinenlötung oder was immerhandelt. Der Grund für diese Hauptregel ist nach den Ausführungen der Kapitel 1.5, 6 und 7 klar: Das Flußmittel auf der vorgewärmten Lötfuge macht deren Oberfläche optimal benetzungsfreudig, so daß das Lot, sobald es an der Lötfuge ankommt, sofort in dieselbe sozusagen hineingesogen wird.

Kommt geschmolzenes Lot mit einer "trockenen Lötstelle" in Berührung bevor diese von Flußmittel bedeckt ist, so findet zunächst keine Bindung statt, jedoch werden die Oberflächen der Lötfugen durch die Erhitzung stark oxydiert. Nachträglich aufgebrachtes Flußmittel hat es nicht immer leicht, diese Oxydschicht wieder zu entfernen.

Zweitens noch, und auch dies ist wichtig, sind bei dem beschriebenen Vorgehen die Temperaturverhältnisse am günstigsten. Der Lötkolben erwärmt die Lötstelle, und die Lötstelle ihrerseits erwärmt das Lot und bringt es zum Schmelzen, so daß es die vorgewärmte Lötstelle sofort füllt. Daß dabei die Lötspitze schon vorverzinnt und auch mit einem kleinen Tropfen ge-

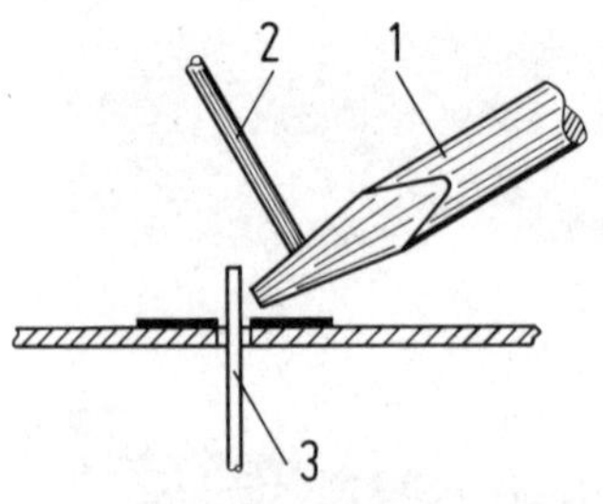

2.16 Falsches Aufschmelzen beim Löten

schmolzenen Lotes behaftet sein soll, um die Wärmeübertragung zu beschleunigen, wurde in Kap. 1.4 erwähnt.

Es ist also verfehlt, die heiße Lötspitze selbst mit dem Lötdrahtende bei der Lötung zu betupfen *(Abb. 2.16)*. Lötet man in dieser Weise, dann schmilzt der Lötdraht so rasch nach dem vorhergehenden Austreten des Harzes aus dem Drahtende, daß Flußmittel und Lot zusammen die Lötspitze herab und auf die Lötstelle zufließen. Dabei wird außerdem das Flußmittel stark erhitzt, und es kann dadurch an Aktivität und Beweglichkeit verlieren, bevor es schließlich, und zu spät, an der Lötstelle ankommt. Die Lötspitze selbst hat ja eine Temperatur von 300 bis 350°, und diese bringt das Harzflußmittel an die Grenze dessen, was es aushalten kann. Bei dem korrekten Vorgehen erhält das Flußmittel die Erwärmung sozusagen "aus zweiter Hand", denn die Lötstelle selbst wird sich nur auf ungefähr 200 bis 250° erwärmt haben, wenn das Harz zu fließen beginnt.

Merksatz:

Beim Löten soll man den Lötdraht nicht direkt auf der Kolbenspitze schmelzen lassen. Die indirekte Lötmethode ist am besten: Der Lötkolben erhitzt die Lötstelle, und das Lötdrahtende wird gegen die heiße Lötstelle gehalten.

2.3 Das Verlöten von Drahtenden

Das im vorhergehenden Kapitel beschriebene Grundprinzip des "indirekten Schmelzens" des Lötdrahtes gilt auch für alle anderen Arbeiten mit dem Lötkolben. Eine oft vorkommende Aufgabe ist das Zusammenlöten von zwei Drähten. Wollte man versuchen, die Drähte beim Verlöten parallel oder über Kreuz zusammenzuhalten, so bräuchte man tatsächlich vier Hände, ein Problem, welches auch mit dem besten Willen eines geschickten Helfers nicht zu lösen ist. Ein gegenseitiges Verdrillen der Drahtenden fixiert die Drähte gegenseitig und macht aus zwei Werkstücken eines *(Abb. 2.17)*. Die so entstandene Drahtspirale wird nun gegen die flache Seite der meißelförmigen Lötspitze gehalten; kurz darauf berührt man sie auf der der Lötspitze gegenüberliegenden Seite mit dem Lötdrahtende *(Abb. 2.18)*. Das Harz fließt aus dem Lötdraht aus, der kurz darauf schmilzt und schnell in die Lötstelle eingesogen wird.

Sobald das Lot richtig eingeflossen ist, hebt man den Lötdraht von der Lötstelle ab und unmittelbar darauf auch den Lötkolben. Diese Reihenfolge ist wichtig. Hebt man den Lötkolben zuerst ab, so kann es passieren, daß der Lötdraht an der Lötstelle sozusagen festfriert und man muß ihn nachträglich mit dem Kolben wieder abschmelzen. Das führt zu unschönen Lötstellen mit überschüssigem Lot.

Handelt es sich nicht um einfachen Draht, sondern um Litzen, so geht man genauso vor, nachdem man zuvor das Litzdrahtende mit (sauberen) Fingern gut und fest verdrillt hat. Hier läßt sich das Berühren der Lötstelle mit den Fingern nicht vermeiden. Beim Arbeiten mit Litzen ist noch eines zu bemerken: Man muß hier rasch arbeiten und sollte die Lötstelle weder zu lange vorheizen, noch die Berührung der warmen Lötstelle mit dem Lötdraht zu lange dauern lassen. Litzen wirken auf geschmolzenes Lot wie Fließpapier und saugen es sehr rasch in sich ein (dafür ist die in Kap. 1.5 erläuterte Kapillarwirkung verantwortlich). Die mit Lot vollgesogene Litze wird steif und neigt beim Biegen, welches mühsam ist, gern zum Brechen. Das Lot sollte deshalb nicht zu weit über die Lötstelle hinaus in die Litze einschießen. In Kap. 2.8 wird erläutert, wie man die Fließpapierwirkung von Kupferlitze zum Entlöten benützen kann ("Soderwick"-Verfahren).

Die gleichzeitige Handhabung von Kolben, Lötdraht und Werkstück kann man auf verschiedene Art lösen:

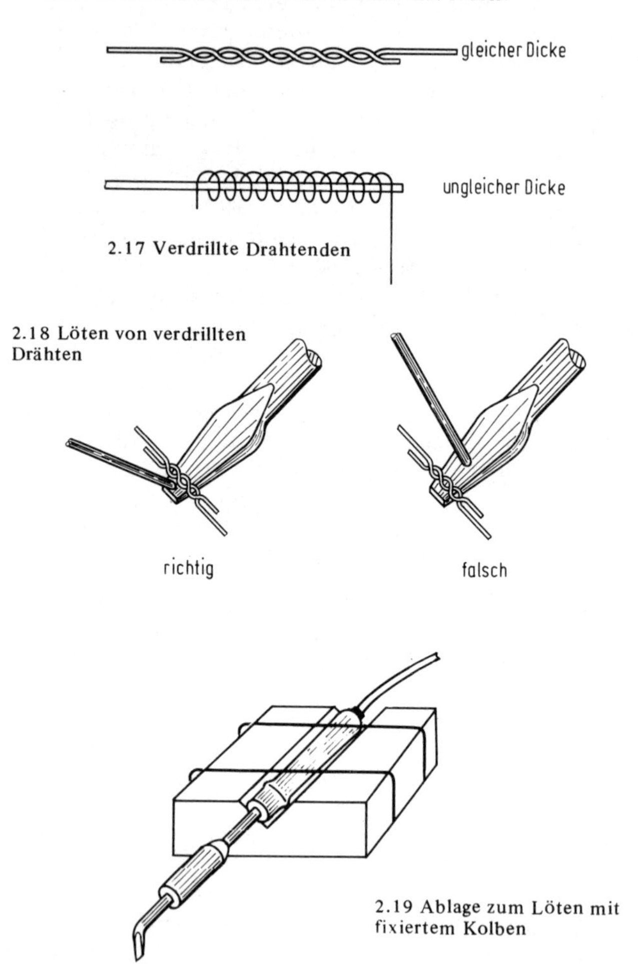

2.17 Verdrillte Drahtenden

2.18 Löten von verdrillten Drähten

2.19 Ablage zum Löten mit fixiertem Kolben

Sind die Drahtenden verhältnismäßig kurz und steif, so daß man sie sich selbst überlassen kann (z.B. wenn es sich um das Verlöten von Anschlußdrähten eines Trafos handelt), so stützt man sie, wenn nötig, mit einem Stück Holz oder Kork in einigem Abstand von der Lötstelle ab, bringt den in der rechten Hand gehaltenen Lötkolben von unten an die Lötstelle, und berührt diese dann von oben kurz mit dem Lötdraht.

Handelt es sich andererseits um längere Drähte oder um kleine, leicht zu manipulierende Gegenstände (wie z.B. beim Anlöten von Verbindungsdrähten an einzelne Bauelemente), so ist es oft einfacher, zuerst den Lötkolben auf einer geeigneten Ablage, die man sich aus einem Stück Holz leicht selber herstellen kann, zu fixieren *(Abb. 2.19).* Nun legt man den so abgestützten Kolben auf den Arbeitstisch, mit der Spitze gegen die vordere Kante, aber nicht so nahe an derselben, daß man sich ein Loch in die Krawatte oder Schürze brennt. Man bringt nun die verdrillte Drahtverbindung in Berührung mit der Lötspitze und berührt sie, sobald sie heiß genug geworden ist, mit dem Lötdrahtende.

Mitunter liegt es nahe, die verdrillten Drahtenden auf eine geeignete Unterlage zu legen und sie dann mit Kolben und Draht zu verlöten. Davon ist im allgemeinen abzuraten. Unterlagen aus Metall, welche der Lötstelle Hitze entziehen würden und an welchen man womöglich noch das Ganze aus Versehen anlötet, sind natürlich völlig unbrauchbar. Unterlagen, die sich zersetzen, brennen oder schwelen, wie Holz, eine alte Leiterplatte, usw. sind gleichfalls ungeeignet. Es bleiben also Hartasbest, Schamotte und ähnliche feuerfeste, nicht metallische Substanzen. Man wird jedoch finden, daß bei einer festen Unterlage das Einfließen des Lotes schwerer zu beherrschen ist als bei einer freischwebenden Lötstelle, und daß deshalb die letztere, wenn immer möglich, vorzuziehen ist.

Lötkolbenhersteller haben mitunter versucht, das gesonderte Handhaben von Lötdraht und Kolben dadurch zu vermeiden, daß sie die Kolben mit einer Lötdrahtzuführung ausgerüstet haben, derart, daß durch Betätigung eines Fingerhebels ein kurzes Stück von Lötdraht von einer auf dem Kolben montierten Spule auf die Kolbenspitze gebracht wird. Alle derartigen "Einhand-Kolben" oder Lötpistolen haben den Nachteil, daß Flußmittel und Lot zuerst auf die heiße Lötspitze, und erst von dieser dann auf die Lötstelle gelangen. Die Nachteile dieses Vorgehens wurden in Kapitel 2.2 erläutert. Sowohl dem Bastler wie auch dem Berufselektriker kann daher nicht zum Gebrauch dieser Geräte geraten werden. Einhandkolben, die nur die Lötstelle erhitzen, und die dann das Lot direkt auf die Lötstelle und nicht auf die Lötspitze bringen, sind z.Zt. in Entwicklung.

Das Abheben der Lötstelle vom Lötkolben nach vollendeter Lötung muß mit Vorsicht und ohne Erschütterung geschehen. Der Grund dafür bedarf einer etwas eingehenderen Erläuterung und Begründung. Bei allen Lötarbeiten ist immer darauf zu achten, daß die eben hergestellte Lötverbindung auf keinen Fall erschüttert, verschoben oder belastet werden darf, bevor das Lot in derselben nicht nur völlig erstarrt ist, sondern sich auch so weit abgekühlt hat, daß es einen gewissen Grad von mechanischer Festigkeit erreicht hat.

In Kap. 1.3 wurde erläutert, wie die Festigkeit einer geloteten Verbindung bei steigenden Temperaturen abfällt, bis sie bei beginnendem Schmelzen den Nullpunkt erreicht. Ebenso durchläuft eine solche Verbindung auch beim Abkühlen nach dem Löten einen kritischen Temperaturbereich, in welchem sich bei Belastungen oder Verschiebungen leicht Risse in der Lötfuge bilden können. Derartige Schäden, manchmal in der Form von Haarrissen, sind mit bloßem Auge kaum oder garnicht sichtbar; oft ist auch der Stromschluß einer rissigen Lötung anfangs gut, und der Lötfehler kommt erst nach einiger Zeit, und dann sicher mit ärgerlichen Begleitumständen, zu Tage.

Die gegenseitige Verdrillung der zu verlötenden Drähte genügt als gegenseitige Verankerung in den meisten Lötsituationen, mit denen es der Bastler zu tun hat. Das Halten der Drähte, so daß man sie bequem an den Lötkolben bringen kann, läßt sich oft leicht mit einer Büroklammer bewerkstelligen (s. *Abb. 2.20*). Bei allen Haltevorrichtungen zum Löten muß man darauf achten, daß die Halterung weit genug von der Lötstelle entfernt ist, um

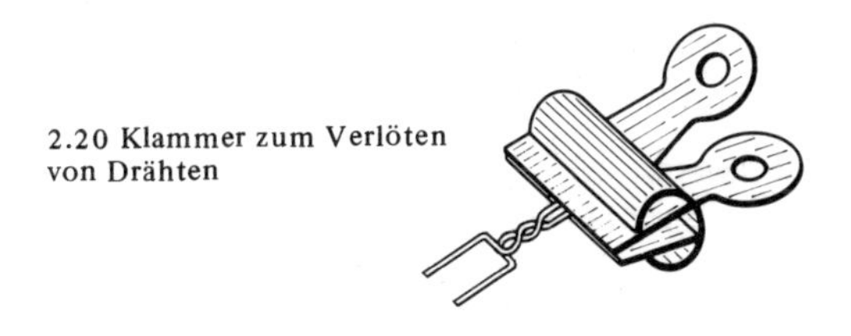

2.20 Klammer zum Verlöten von Drähten

dieselbe nicht der zum Löten nötigen Wärme zu berauben. Bei normalen Anschlußdrähten bietet dabei ein Abstand von 10 bis 15 mm genügend Sicherheit.

Mitunter allerdings ist es nötig, ein wärmeempfindliches Bauteil während des Verlötens seiner Anschlußdrähte vor Schaden zu schützen, indem man zwischen Lötstelle und Bauteil eine kühlende, die Wärme in sich aufnehmende Masse mit dem Draht in Verbindung bringt. Die Backen einer Flachzange sind dazu gut geeignet.

Um zum Ende dieses Kapitels nocheinmal auf das kritische Temperaturintervall nach der vollzogenen Lötung zu kommen: Je rascher sich die fertige Lötstelle abkühlt, desto kürzer ist die Zeit, während der sie rißanfällig ist. Ein sanftes Blasen auf die Lötstelle ist wirksam und kann nie schaden. Dagegen kann vor dem Abschrecken mit Wasser oder auch mit flüssigem Flußmittel nicht genug gewarnt werden. Nicht nur wird die Lötstelle dadurch matt und unschön, sondern der plötzliche Temperaturwechsel und die damit verbundene rasche Schrumpfung der Verbindungspartner kann gerade zu den Rissen führen, die man vermeiden will.

Nach dem Löten von größeren und schwereren Metallteilen, welche, sich selbst überlassen, oft mehrere Minuten zum Kühlen brauchen würden, muß man mitunter zu zusätzlichen Kühlmethoden greifen. Ein feuchter Lappen in sicherer Entfernung von der Lötstelle oder ein vorsichtiges, langsames Eintauchen des gelöteten Gegenstandes in Wasser ist in solchen Fällen angebracht. Auch hier fängt man mit dem Abkühlen oder Eintauchen immer zuerst mit dem Teil an, der von der Lötstelle am weitesten entfernt ist. Auf keinen Fall darf es zischen, wenn die Lötstelle selbst schließlich naß wird.

Merksatz:
Beim Verlöten von zwei Teilen ist es wichtig, daß sie sich während des Lötens nicht gegeneinander bewegen können. Man läßt die fertige Lötung in Ruhe, bis sie sich abgekühlt hat. Nachhelfen beim Abkühlen muß mit Vorsicht geschehen.

2.4 Lötösen

Das Einlöten von Drähten in Lötösen gehört zu den Lötaufgaben, bei welchen zwei Teile von unterschiedlicher Größe und damit von verschiedener Wärmekapazität miteinander zu verbinden sind. Hier ist eine Hauptregel zu beachten:

Die Wärme muß immer dem größeren, schwereren Verbindungspartner zugeführt werden. Überhaupt fließt ja die Wärme bei der Kolbenlötung immer vom schwereren zum leichteren Teil: Vom Kolben auf die Lötöse und von der Lötöse in den Anschlußdraht und in den Lötdraht.

Hier ist es nun wiederum wichtig, für einen guten Wärmefluß zu sorgen. Deshalb sollte der Draht nicht lose in der Lötöse hängen oder nur die Kante der Bohrung in der Öse berühren. Ein gutes Anliegen an einer, oder noch besser, beiden Ösen-Oberflächen sichert nicht nur eine rasche Wärmeübertragung von der Öse auf den Draht, sondern es bietet dem geschmolzenen Lot auch einen guten Kapillarspalt, in den es einfließen und den es ausfüllen kann (s. *Abb. 2.21*. Das Drahtende wird mit einer Flachzange zurecht gebogen, die natürlich, wie schon gesagt, sauber sein muß.

Zum Löten benützt man am besten wieder eine meißelförmige Lötspitze. Man wird es am einfachsten finden, sie von unten flach gegen die Lötöse anzulegen, weil sie dann die Sicht nicht behindert (s. *Abb. 2.22*). Unmittelbar nach dem Anlegen der Lötspitze berührt man den Spalt zwischen Draht und Öse mit dem Lötdraht, wie in der Abbildung angegeben, und wartet, bis das Lot den Draht entlang fließt, was binnen weniger als einer Sekunde geschehen sollte. Ist die Lötstelle

2.21 Verdrahten von Lötösen

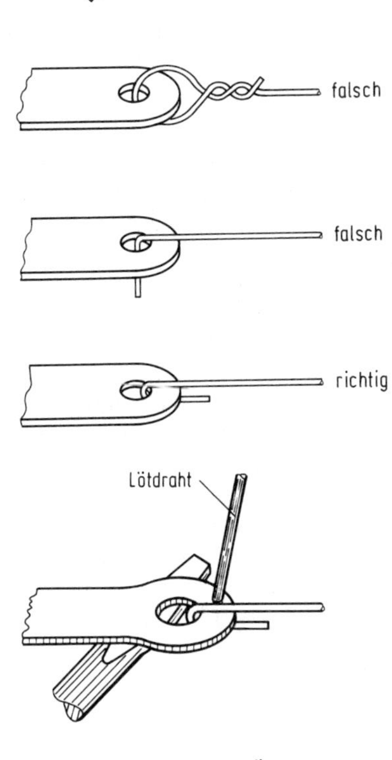

2.22 Verlöten von Lötösen

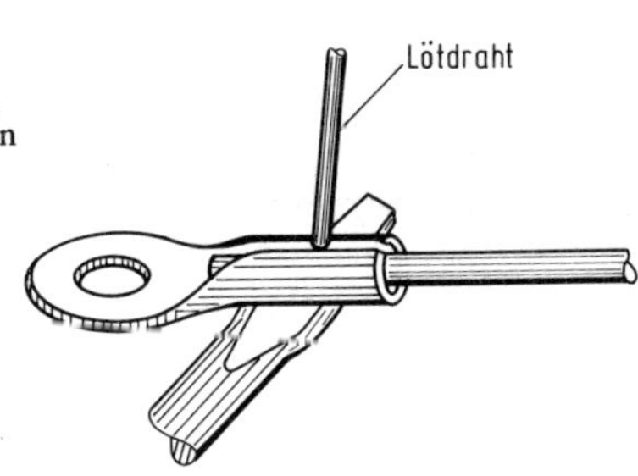

2.23 Verlöten von Kabelschuhen

2.24 Verdrahten von Kabelschuhen

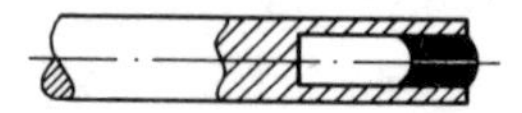

2.25 Verlöten einer blinden Bohrung – Lufteinschluß

gefüllt, so hebt man ab, wie schon beschrieben, erst den Lötdraht und gleich darauf die Lötspitze.

Beim Einlöten von Drahtenden in Kabelschuhen sorgt die Konstruktion von selbst für einen guten Wärmekontakt zwischen den Verbindungspartnern (s. *Abb. 2.23*). Vor dem Einlöten wird das abisolierte Drahtende so weit in die Löthülse eingesteckt, daß es am anderen Ende der Hülse sichtbar ist, jedoch nicht aus derselben herausragt. Die Passung des Drahtes in der Hülse kann ohne Bedenken ziemlich lose sein, jedoch gilt im allgemeinen folgende Regel: Wenn die Hülse eine doppelte Schleife von Draht aufnehmen kann, dann soll man den Draht doppelt oder vielleicht sogar dreifach auf sich selbst zurückgebogen einstecken (s. *Abb. 2.24*). Dieses Verfahren ist auf jeden Fall besser als ein einfaches Breitquetschen der Öse mit einer Flachzange.

Das Einlöten geschieht am besten mit der meißelförmigen Lötspitze. Der Lötdraht wird gegen die offene Spalte der Öse gehalten, und man läßt das Lot so lange einlaufen, bis es als silbrig glänzende Flüssigkeit an beiden Enden der Öse sichtbar wird.

In dieses Kapitel gehört schließlich auch noch das Einlöten von Drähten in sogenannte "blinde Bohrungen". Darunter versteht man Bohrungen oder überhaupt Öffnungen irgendeiner Art, die an einem Ende geschlossen sind. Eigentlich eignen sich blinde Bohrungen überhaupt nicht zum Einlöten von Drähten oder anderen, in die Bohrungen mehr oder minder gut passenden Teilen. Der Grund ist einfach der, daß die in der Bohrung enthaltene Luft nicht entweichen kann, wenn erst einmal ihr Eingang von geschmolzenem Lot überbrückt ist *(Abb. 2.25)*. Schlimmer noch, durch die beim Löten unver-

2.26 Entlüften einer blinden Bohrung 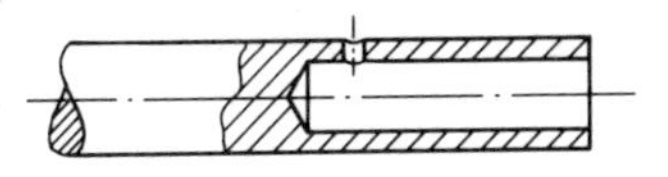

meidliche Erwärmung dehnt sich diese Luft aus, so daß bei einem derartigen Lötvorhaben das trotz aller Schwierigkeiten in die Bohrung eingebrachte Lot nach außen zurückgetrieben wird und aus der Öffnung heraus zu kochen scheint.

Der beste Ausweg ist es, derartige nicht zum Löten geeignete Bohrungen durch eine Seitenbohrung geringeren Durchmessers nahe am geschlossenen Ende zu entlüften (s. *Abb. 2.26*). Ist es dem Bastler nicht möglich, eine Entlüftungsbohrung anzubringen, dann bleibt nichts übrig, als die blinde Bohrung vor dem Einlöten des hineingehörenden Drahtes mit Lot anzufüllen, was bei lichten Weiten unterhalb von 1 mm mitunter mühsam sein kann. Ist die Bohrung weit genug, daß sich der Lötdraht hineinschieben läßt, so schneidet man ein Stück desselben in geeigneter Länge ab, daß es um einige Millimeter aus der Bohrung herausragt. Dann spannt man den betreffenden Teil so ein, daß die blinde Bohrung senkrecht steht, wobei bei kleinen Lötteilen zwischen Klammer oder Schraubstock und dem Teil etwas Karton unterlegt wird, damit die Wärme nicht an die Klammer verloren geht. Nun erhitzt man den Teil mit einer meißelförmigen Lötspitze in schon beschriebener Weise, oder mit einem kleinen Lötbrenner, und zwar von der der Bohrungsöffnung entgegengesetzten Seite her, so daß der eingesteckte Lötdraht von seinem unteren Ende her zu schmelzen anfängt. Geht alles gut, so sieht man den Lötdraht in der Öffnung verschwinden, und mitunter kocht etwas Harzflußmittel von der Lötdrahtfüllung aus der Bohrung aus. Fängt jedoch der Lötdraht an seinem oberen Ende zu früh zu schmelzen an, so daß sich der Bohrungseingang zu früh verzinnt und überbrückt, dann kann man dem Lot beim Einfließen mit einem dünnen Eisendraht oder Edelstahldraht, den man vielleicht aus einem alten Teesieb oder Küchensieb nimmt, nachhelfen.

Ist die Bohrung erst mit flüssigem Lot gefüllt, dann wird der einzulötende Draht erst mit Flußmittel versehen und dann langsam, so daß er sich dabei erwärmen kann, in die Bohrung eingesteckt. Dabei ist es nützlich, vor dem Füllen der Bohrung mit Lot, den Draht schon probeweise einzustecken und an ihm zu markieren, wieweit er hineingeht. Dadurch hat man nachher eine Kontrolle dafür, daß das Lot beim Eintauchen nicht vorzeitig erstarrt ist und das Drahtende am vollständigen Einbringen verhindert hat.

Für das Einlöten von Kabelenden in schwere Kabelschuhe ist der Lötkolben ungeeignet. Derartige Arbeiten werden am besten mit einer kleinen Lötlampe ausgeführt.

Merksatz:
Beim Verlöten von zwei Teilen verschiedener Masse, z.B. beim Einlöten von einem Draht in eine Lötöse oder einen Kabelschuh, erhitzt man immer erst den schwereren Teil.

2.5 Blecharbeiten

Ist man erst einmal mit den bisher behandelten Grundlagen der beim Löten herrschenden Wärmeverhältnisse vertraut geworden, so sollte die gelegentliche Blecharbeit keine großen Schwierigkeiten machen.

Die häufigste Aufgabe beim Arbeiten mit Blech ist die Verlötung von Nähten. Diese können zweierlei Art sein: einfache Überlappnähte (s. *Abb. 2.27*) oder gefalzte Nähte (s. *Abb. 2.28*). Hier begeben wir uns zwar allerdings in ein Gebiet, wo uns der bisher so einfache und bequeme Lötdraht mit Harzseele im Stich läßt. Wie schon öfters ausgeführt, sollte beim Löten immer zu-

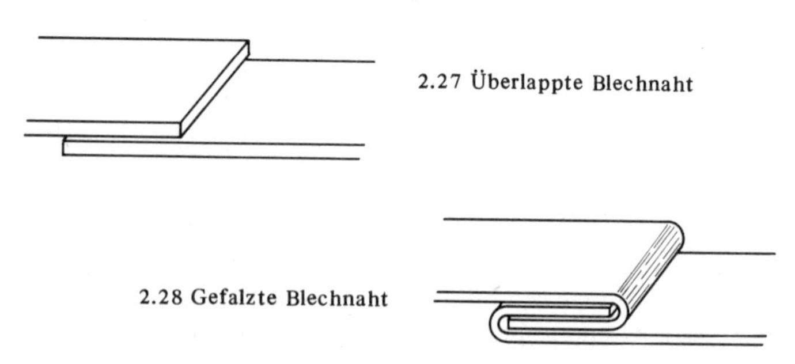

2.27 Überlappte Blechnaht

2.28 Gefalzte Blechnaht

erst das Flußmittel vor dem Lot im Lötspalt ankommen. Bei Blecharbeiten ist dazu das im gefüllten Lötdraht vorhandene Harzflußmittel weder mengenmäßig noch seiner Beschaffenheit nach in der Lage.

Nähte müssen deshalb vor dem Löten mit Flußmittel versehen werden, und zwar eignen sich dazu am besten das in Kap. 1.7 besprochene Lötwasser oder daß sogenannte Lötfett, welches aus einer Mischung von hoch konzentriertem Lötwasser und Vaseline, d.h. reinem Mineralfett, besteht. Im Handel erhältliches Lötwasser ist meistens mit einem Benetzungsmittel versetzt und rinnt deshalb leichter in Lötfugen, besonders Falznähte, ein. Lötfett andererseits bleibt da haften, wo man es aufträgt, oft mit einem Holzstäbchen, weniger fachmännisch mit dem Finger (Vorsicht, es brennt auf gesprungener Haut).

Der Rückstand von Lötfett muß nach Ende der Lötung mit Spiritus oder mit Isopropylalkohol abgewischt werden. Über die Entfernung von Lötwasserrückstand war schon in Kap. 1.11 die Rede.

Harzgefüllter Lötdraht ist zum Arbeiten mit chlorzinkhaltigen Flußmitteln wie Lötwasser oder Lötfett ungeeignet, weil das Harz zusammen mit dem Chlorzink einen klebrigen, schwer zu entfernenden Rückstand bildet. Anstatt sich zu unterstützen, hindern sich Harz- und Chlorzink gegenseitig in ihrer Wirkung.

Man verwendet daher beim Löten mit derartigen, sogenannten "aktiven" Flußmitteln Stangenlot, Fadenlot oder Lötdraht ohne Harzseele. Während es sich für Elektroarbeiten immer lohnt, die leicht fließende Lötlegierung mit 60 % Zinn zu benützen (DIN 1707, L-Sn60Pb) genügt für Blecharbeiten das etwas billigere Klempnerlot mit 50 % Zinn (L-Sn50Pb) oder mit 40 % Zinn (L-Sn40Pb).

Die überlappte Naht sollte vor dem Verlöten mit einigen Punktlötungen geheftet werden. Bei der gefalteten Naht ist dies nicht nötig. Die Bleche, mit denen man es zu tun hat, sind meistens entweder Weißblech (Stahlblech mit einem äußerst dünnen Überzug von reinem Zinn, nur 0,0003 bis 0,001 mm stark) oder Kupfer- oder Messingblech. Seines Zinnüberzuges wegen ist Weißblech leichter zu löten als Kupfer oder Messing (s. Kap. 1.6). Dazu komm noch das bessere Wärmeleitungsvermögen der zwei letzteren Metalle, was dazu führt, daß bei ihnen die Lötstelle ihre Wärme rascher an die Umgebung verliert.

Bei den meisten Blecharbeiten muß die zu verlötende Naht auf einer flachen Unterlage liegen. Hier ist als erstes darauf zu achten, daß diese Unterlage nicht wärmeleitend ist. Auf keinen Fall soll man auf der bloßen eisernen Werkbank oder überhaupt auf einer Metallunterlage arbeiten. Ein Stück Hartasbest ist am weitesten gebräuchlich, das gesundheitschädliche Asbestpapier und der weiche Faserasbest sind zu vermeiden.

Zweitens braucht man zum Blechlöten mehr Wärme und daher einen leistungsfähigeren Lötkolben. Es wird sich lohnen, sich einen Kolben von 80 – 150 Watt Leistung anzulegen, und zwar sind Kolben von hammerförmiger Bauart am besten für die Blechlötung.

Es ist zwar hier nicht beabsichtigt, im einzelnen auf das Löten von Blechen und auf die Klempnerei im allgemeinen einzugehen; es muß jedoch betont werden, daß die Handhabung von Kolben und Lot beim Blechlöten sich grundsätzlich von der bei der Elektrolötung unterscheidet: Weil schon vor Beginn der Lötung Flußmittel in der Lötfuge sitzt, legt man es darauf an, das geschmolzene Lot bei möglichst hoher Temperatur in die vom Kolben vorgewärmte Naht fließen zu lassen. Man läßt den Kolben am Nahtanfang für 1 bis 2 Sekunden ruhen und zieht ihn dann langsam die Naht entlang, während man das Stangenlot derart gegen die Lötspitze hält, daß das geschmolzene Lot über die heiße Lötspitze in die Lötfuge einfließt *(Abb. 2.29)*.

Die saubere Ausführung von Blecharbeiten verlangt Übung und Geschicklichkeit. Für den Anfänger ist es am wichtigsten darauf zu achten, daß die Bleche gut aufeinander liegen, daß der Lötkolben groß und heiß genug ist, und daß das Lot völlig in die Lötspalte eindringt. Letzteres läßt sich leicht dadurch nachprüfen, daß das Lot an der anderen Seite der Naht sichtbar sein sollte (s. *Abb. 2.30*). Dicke Klumpen von Lot an der Naht

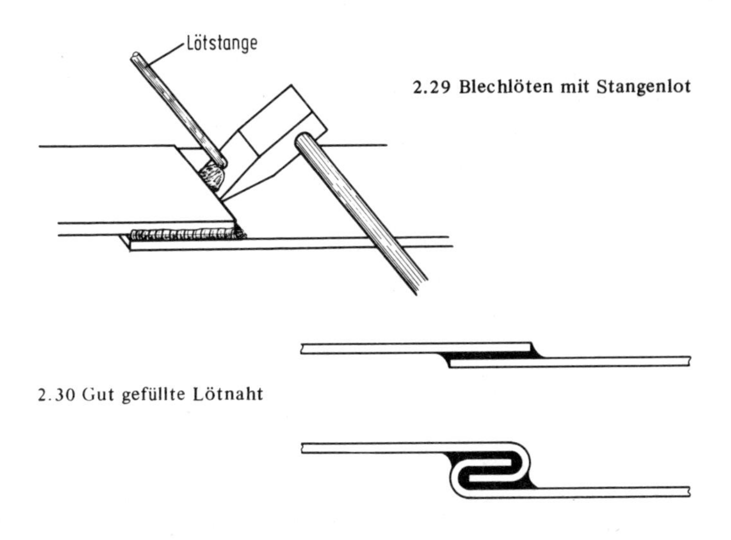

2.29 Blechlöten mit Stangenlot

2.30 Gut gefüllte Lötnaht

sind keine Gewähr für eine gute und starke Lötung; im Gegenteil, sie können eher bedeuten, daß der Lötkolben nicht heiß genug war.

Merksatz:
Zum Verlöten von Blechen ist der Lötdraht mit Harzseele ungeeignet. Man versieht die Lötstelle mit Flußmittel (Lötwasser oder Lötfett) und lötet dann mit Stangen- oder Fadenlot. Zu Blecharbeiten benützt man am besten einen Kolben mit höherer Leistung (80 bis 150 Watt).

2.6 Verzinnen mit dem Lötkolben

Der Bastler greift zum Verzinnen, wenn es darum geht, eine schlecht lötbare Oberfläche lötbarer zu machen. In der Industrie verzinnt man auch, um die Lötbarkeit einer gegebenen Oberfläche, auch nach langer Lagerzeit, zu erhalten, und dies ist auch der Grund, aus welchem die Anschlußdrähte der meisten Bauteile, und auch die Leiterbahnen der meisten gedruckten Schaltungen vorverzinnt sind.

Verzinnen im eigentlichen Sinn bedeutet, einen metallischen Gegenstand mit einem Überzug aus reinem Zinn zu versehen. Im Laufe der Zeit hat es sich jedoch eingebürgert, darunter auch das Überziehen mit einer Blei-Zinn-Lötlegierung zu verstehen.

Für den Bastler ist es überhaupt ratsam, von dem Verzinnen mit Reinzinn abzusehen: Reines Zinn ist schwerer zu beschaffen als Lot, es ist teurer, aber vor allem es ist schwerer, einen wirklich guten, sauberen Überzug mit reinem Zinn zu erzielen als mit einer Lötlegierung wie der üblichen DIN 1707, L-Sn 60Pb oder 50Pb, die der Bastler ja sowieso als Lötdraht oder Stangenlot zur Hand hat.

Meist verzinnt man Teile, die aus irgendeinem Grund schwer lötbar geworden sind, meistens durch langes oder unsachgemäßes Lagern. Als erstes ist daher eine gründliche Vorreinigung nötig, um Rost, Grünspan, oder etwaige Verschmutzungen zu entfernen. Hier gelten zunächst die in Kap. 1.10 gegebenen Anweisungen. Zusätzlich ist noch Folgendes zu sagen: Handelt es sich um die Reinigung von rostigem Eisen oder Weißblech, dann ist Zitronensäure nicht scharf genug. Hier ist es am besten, eines der im Handel erhältlichen Rostentfernungsmittel zu benutzen. Dabei ist allerdings zu beachten, daß nach dem auf jeder Packung empfohlenen nachfolgendem Abwaschen die entrostete Oberfläche noch mit einer Drahtbürste oder mit einem Schmirgelpapier bearbeitet wird. Viele Entrostungsmittel hinterlassen nämlich einen vor weiterem Rosten schützenden Rückstand, der mitunter verzinnungs- und löthindernd wirken kann.

Für die gelegentliche Verzinnung eines Anschlußdrahtes oder einer Lötöse ist der normale Lötkolben ohne weiteres geeignet. Am besten benützt man eine Lötspitze von meißelförmiger oder angeschrägter Form. Zum Drahtverzinnen wird der Lötkolben auf die Haltevorrichtung aufgelegt (s. Abb. 2.19) und ein ausreichend großer Tropfen Lotes auf die Lötbahn aufgebracht, indem man ein Stück Lötdraht oder Stangenlot dagegen schmelzen läßt. Benützt man Lötdraht mit Harzseele, so sollte man dann den Tropfen geschmolzenen Harzes, der auf dem Lottropfen schwimmen wird, mit einem Stückchen

2.31 Entnetzter Draht

Fließpapier oder einem sauberen Lappen abtupfen, um die unliebsame Wechselwirkung zwischen Lötwasser und Harz (s. Kap. 2.5) zu vermeiden.

Das zu verzinnende, gut vorgereinigte Drahtende wird nun mit Lötwasser versehen, am besten durch einfaches Eintauchen. Der Draht soll gut befeuchtet, aber auf keinen Fall so naß sein, daß große Tropfen Lötwasser an ihm hängen. Um einen Tropfen Lötwasser zu verdampfen, braucht man dreieinhalb mal soviel Wärmeenergie als zum Aufschmelzen eines ebenso großen Tropfens von Lot. Das zeigt, wie sehr überschüssiges Lötwasser die Lötspitze abkühlen kann. Man zieht nun das mit Flußmittel angefeuchtete Drahtende langsam durch den Zinntropfen, worauf sich der Draht mit einem silbrigen gleichmäßigen Überzug von Lot bedecken sollte. Meistens wird dies auch der Fall sein. Es kann mitunter jedoch auch geschehen, daß er sich "entnetzt", d.h. daß der Lotüberzug sich in einzelne Tropfen zusammenzieht (s. *Abb. 2.31*). Meistens ist das ein Zeichen davon, daß die Vorreinigung ungenügend war; entweder sind ungenügend entfernte Fett- oder Schmutzreste dafür verantwortlich (Wasser-Eintauchprobe, s. Kap. 1.10), oder man muß noch einmal mit der Drahtbürste oder durch vorsichtiges Schaben mit einem stumpfen Messer nachhelfen.

Für den Elektrobastler ist beim Arbeiten mit Lötwasser oder Lötfett die größte Vorsicht geboten: Alle chlorzink-haltigen Flußmittel spritzen etwas beim Löten. Während man sie benützt dürfen auf keinen Fall elektronische Schaltungen oder Geräte auf dem Arbeitsplatz herumliegen. Der chlorzink-haltige Sprühnebel kann auf diesen zu äußerst störenden Kriechströmen und zu Korrossionserscheinungen führen.

Handelt es sich um das Verzinnen von flachen Komponenten, wie Lötösen, so gilt für die Vorreinigung und das Fluxen dasselbe wie für Anschlußdrähte. Zum Verzinnen legt man den Bauteil auf eine nicht-metallische Unterlage, wie schon oben erwähnt. Die Verzinnungsarbeit selbst geschieht mit dem flachen Ende einer meißelförmigen oder abgeschrägten Lötspitze. Man preßt die Lötspitze gegen die mit Lötwasser befeuchtete Oberfläche und erhitzt sie bis das Lötwasser zu zischen und sieden aufgehört hat. Darauf berührt man die heiße Oberfläche mit einem Stück Lötdraht (ohne Harzseele) oder Fadenlot. Das Lot schmilzt sofort und, vorausgesetzt die Vorreinigung war genügend gründlich, wird es sich auch rasch und gleichmäßig über die zu verzinnende Fläche ausbreiten.

Hat man zu viel Lot aufgetragen, so läßt sich der Überschuß leicht mit dem heißen Lötkolben, den man vorher mit einem sauberen Lappen von etwa daran hängendem Lot durch leichtes Wischen befreit hat, wieder absaugen.

Nach beendeter Verzinnung, und wenn der Bauteil genügend abgekühlt ist, entfernt man den darauf verbleibenden Flußmittelrückstand durch Abwischen oder Waschen im warmen Wasser. Von der in Kap. 1.11 erwähnten Zitronensäurelösung kann man hier absehen, denn es handelt sich beim Verzinnen ja meistens um einfache, leicht zu reinigende Oberflächen, die man gut abwaschen und abtrocknen kann.

Merksatz:
Man verzinnt schwer lötbare Drahtenden und andere Lötteile, um ihre Lötfreudigkeit zu verbessern. Zum Verzinnen kann man aggressive Flußmittel benützen, muß aber dann ihren Rückstand vor dem endgültigen Verlöten entfernen.

2.7 Verzinnen im Tauchbad

Auch in diesem Kapitel kann ”Verzinnung” sowohl das Überziehen mit einer Schicht von Reinzinn als auch mit einer Schicht von Blei-Zinn-Lötlegierungen bedeuten. Bei der Tauchverzinnung taucht man den zu verzinnenden Gegenstand in einen mit geschmolzener Legierung gefüllten kleinen Eisenbehälter. Elektrisch beheizte Tauchbäder für diese Zwecke sind im Handel erhältlich. Der Bastler, der nur verzinnt, um sich

2.32 Lötbadeinsatz für elektrische Kolben (Photo Ersa)

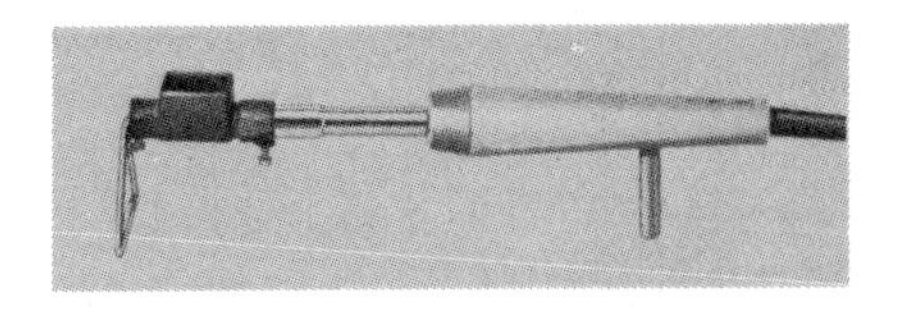

bei Lötproblemen zu helfen, tut gut daran, sich ein möglichst kleines Verzinnungsbad zu beschaffen. Es heizt sich rasch auf und ist schneller betriebsbereit, auch enthält es relativ wenig von dem teuren Lötzinn, was aus Gründen, die bald klar sein werden, erheblich an Geld und Ärger sparen kann. *Abb. 2.32* zeigt ein derartiges kleines Lötbad, welches auf dem Prinzip eines elektrischen Lötkolbens konstruiert ist. Zwar ist seine Temperatur nicht regelbar und auch nicht thermostatisch kontrolliert, jedoch ist das für unseren hier beschriebenen Zweck auch nicht nötig.

Wie schon in Kap. 2.6 erwähnt, entschließt sich der Bastler meist dann zum Verzinnen, wenn es sich um widerspenstige Oberflächen handelt, die das Lot ungern annehmen, sei es, daß die Legierung, aus der der Gegenstand besteht, an sich schwer lötbar ist, oder daß man es mit besonders verschmutzten Anschlußdrähten oder Lötösen zu tun hat, die man z.B. vorher aus einer bestehenden Schaltung ausgelötet hat.

Auch bei der Tauchverzinnung ist sorgfältigste Vorreinigung wichtig. Als Flußmittel verwendet man wieder Lötwasser, am besten eine starke Qualität, worin man den zu verzinnenden Teil eintaucht. Man läßt überschüssiges Lötwasser abtropfen, und senkt dann das Lötgut *langsam* in das Tauchbad ein.

Hier sind Vorsicht und Verständnis für die beim Tauchverzinnen sich abspielenden Vorgänge geboten. Während des Eintauchens verdampft das im Lötwasser enthaltene Wasser, und man darf den gefluxten Gegenstand *nie* so rasch in das geschmolzene Lot absenken, daß unverdampftes Flußmittel mit nach unten gezogen wird. In diesem Fall würde nämlich das Flußmittel schlagartig unter der Lotoberfläche verdampfen und unter Umständen gefährliche Metallspritzer verursachen. Beson-

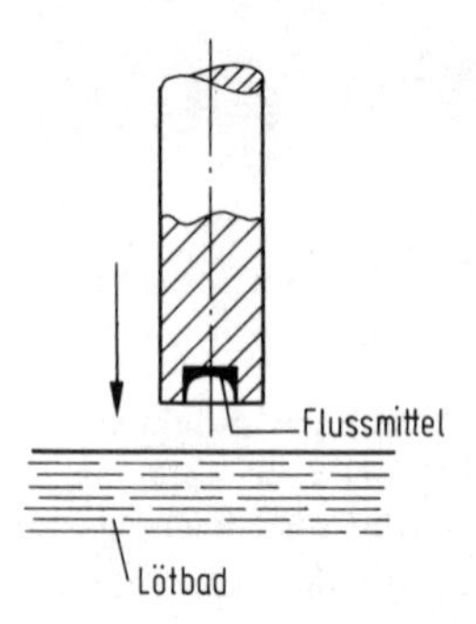

2.33 Spritzgefahr beim Tauchverzinnen

ders muß man sich beim Tauchverzinnen vor Teilen hüten, die durch ihre Form dazu Anlaß geben können, daß kleine Mengen von Lötwasser unter die Badoberfläche gelangen und dann plötzlich verdampfen *(Abb. 2.33)*.

Auf keinen Fall dürfen Gegenstände in flüssiges Lot gebracht werden, welche durch Wasser (also nicht "Lötwasser") angefeuchtet sind. Reines Wasser verkocht nämlich viel heftiger und stoßartiger als das Lötwasser, welches eine gute Menge gelöster Salze enthält; das Eintauchen von Teilen, die mit Wasserfeuchtigkeit beschlagen sind, führt unweigerlich zum sogenannten "Spratzen", d.h. dem Emporschleudern von heißen Metallspritzern.

Das Befolgen einiger weniger Regeln schützt vor unangenehmen Erfahrungen:

I. Der Anfänger trägt am besten zunächst eine Schutzbrille.

II. Immer erst in Lötwasser eintauchen, abtropfen lassen oder abschütteln und dann erst ins Lötbad.

III. Kleine Teile, wie Anschlußdrähte oder Lötfahnen, spritzen beim Tauchen weitaus weniger als schwere massive Teile, wie Schraubenköpfe oder Bolzenenden.

Der Bastler mag sich fragen: Warum soll ich denn tauchverzinnen, wenn es so gefährlich ist? Die Antwort für den Anfänger wäre es vielleicht, auch erst einmal durch das Arbeiten mit dem Lötkolben sich an das Hantieren mit heißem Metall zu gewöhnen.

Der geübte Bastler jedoch wird die Tauchlötung schätzen, wenn es sich um das Vorverzinnen größerer Mengen von Anschlußdrähten, Ösen, etc. handelt, die durch lange oder falsche Lagerungen schwer lötbar geworden sind. Nach einiger Übung wird man finden, daß wiederholtes Fluxen und Tauchverzinnen auch bei hartnäckigen Fällen oft zum Ziel führt, d.h. eine glatte und gut lötbare Verzinnung ergibt. Taucht man den noch heißen Draht oder Teil wieder ins Flußmittel, so verstärkt man dadurch die Reinigungswirkung des letzteren. Nach kurzem Fluxen gibt man den noch warmen Teil wieder in das Verzinnungsbad, in dem jedoch der zu verzinnende Gegenstand nie länger als nötig verweilen soll.

Die Zeitdauer des Verweilens im Verzinnungsbad bedarf einer genaueren Definition: Zu verzinnende Gegenstände sollen nie länger im flüssigen Lot bleiben als nötig ist, bis sich die Metalloberfläche beruhigt hat und keine Blasen mehr von dem mit hinuntergezogenen Flußmittel aufsteigen. Das sollte nicht länger als 2 bis 3 Sekunden dauern. Zu langes Eintauchen macht die Verzinnung nicht besser und kann nur Schaden anrichten: Kupfer und im Falle von Messingteilen auch Zink lösen sich im Tauchbad auf. Vor allem aber kann die Wärme vom geschmolzenen Lot über den Anschlußdraht in den dazu gehörigen Bauteil wandern und dort Schaden anrichten.

Wie gut vor allem Kupferdraht die Wärme leitet merkt man sofort, wenn man ein Stück Kupferdraht beim Tauchverzinnen mit den Fingern hält und nicht mit einer Flachzange. Nach wenigen Sekunden ist der Draht in einem Abstand von 5 cm über der Badoberfläche so heißt geworden, daß man ihn nicht mehr halten kann.

Daraus sind zwei Schlüsse zu ziehen: Beim Tauchverzinnen muß man das Lötgut immer mit einem Werkzeug, am besten einer sauberen Flachzange halten.

Außerdem dient die Zange beim Verzinnen von Anschlußdrähten zum Schutz der Bauteile vor schädlicher Überhitzung. Indem man den zu verzinnenden Draht so faßt, daß die Zangenbacken zwischen dem Tauchbad und dem Bauteil liegen *(Abb. 2.34)*, erreicht man es, daß die aufsteigende Wärme in die massi-

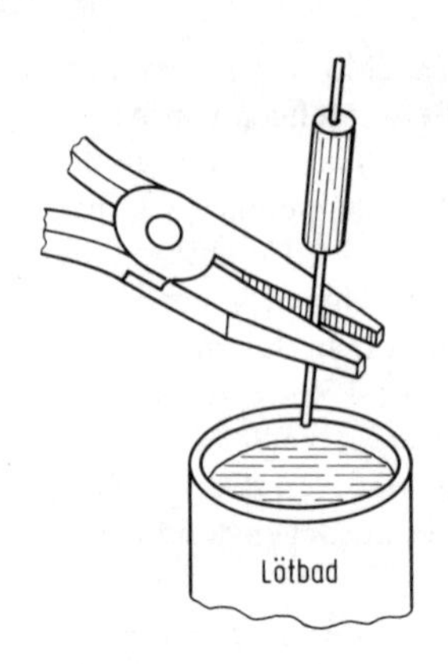

2.34 Schutz gegen Überhitzung beim Tauchverzinnen

gen Zangenbacken fließt und nicht in den empfindlichen Bauteil.

Zum Abschluß von Kapitel 1.9 war von den "selbstfluxenden" Polyurethan-Lacken die Rede, die als Isolierlacke auf Kupferdrähten für Spulenwicklungen verwendet werden. Diese Lacke sind durchsichtig und man erkennt damit behandelte Drähte an ihrer dunkelroten oder braunen Farbe. Die Lacke fangen erst bei ungefähr 370° an zu schmelzen, und bei 400° wirken sie tatsächlich als Flußmittel. Viele Lötkolben erreichen diese Temperatur kaum, und bei dicken Drähten schabt man den Lack am besten mit einem Messer ab und lötet dann in normaler Weise. Bei dünnen Drähten läßt sich dies oft nicht machen ohne den Draht zu beschädigen. Man taucht dann das Drahtende in ein Verzinnungsbad ein, das man vorher so heiß wie möglich werden läßt. Auch wenn die Temperatur nicht bis auf 400° gestiegen ist, wo sich dann der Draht ohne weiteres Zutun verzinnt, so wird doch der Lack auch schon bei niedrigeren Temperaturen etwas spröde und läßt sich nach dem Abkühlen mit Schmirgelpapier entfernen.

Bei Verzinnungsbädern ist es wichtig, unerwünschte Verunreinigungen von dem geschmolzenen Lot fernzuhalten. Es handelt sich hier um metallische Verunreinigungen wie Zink, Kadmium, Aluminium und auch Kupfer. Nichtmetallische Substanzen wie Flußmittelreste, Zunder, Isoliermaterial usw. schaden normalerweise nichts. Sie schwimmen auf der Badoberfläche ohne mit dem geschmolzenen Lot zu reagieren und sie können leicht mit einem Stückchen Stahl- oder Edelstahlblech, einem alten Metall-Sägeblatt oder mit einem Stück von einer alten Schaltplatte beiseite gestrichen und als Krätze von der Badoberfläche abgehoben werden. Dieses Abstreichen und Säubern der Badoberfläche sollte überhaupt jedesmal stattfinden, bevor man einen Gegenstand im Bad eintaucht und verzinnt.

Anders liegt es mit Metallen, die in ein Bad geschmolzenen Lotes gelangen. Wir wissen schon, daß viele Metalle mit geschmolzenem Lot reagieren und sich in ihm auflösen können. Kupfer löst sich im Lot nur langsam auf, und bei den in der Bastlerwerkstatt anfallenden Arbeiten ist eine schädliche Anreicherung von Kupfer im Lötbad nicht zu befürchten. Anders ist es mit Kadmium und Zink, und in Kapitel 1.6 war schon die Rede von dem Schaden, welchen diese Verunreinigungen anrichten können. Schon 0,001 % Zink oder 0,002 % Kadmium können die Tauchverzinnung beeinträchtigen. Beide Metalle bilden auf dem geschmolzenen Lot eine zwar sehr dünne, aber zähe Oxydhaut, die sich nach dem Abstreichen sofort wieder neu bildet.

Die Oberfläche von geschmolzenem, sauberen Lot sieht nach dem Abstreichen und bei Temperaturen bis zu ungefähr 350° glänzend blank und spiegelglatt aus, wie Quecksilber. Je nach der Temperatur bildet sich nach einer gewissen Zeit eine gelbliche, aber glatte Verfärbung. Ist das Lot jedoch mit Zink oder Kadmium verunreinigt, so bildet sich gleich nach dem Abstreichen eine dünne Haut mit Krähenfüßchen, wie auf heißer Milch. Aluminium hat bei noch geringeren Beimengungen, unterhalb von 0,001 %, denselben Effekt, aber glücklicherweise löst sich Aluminium unter normalen Umständen in geschmolzenem Lot nicht auf. Eisen ist auch eine schädliche Verunreinigung. Größere Mengen von Weißblech, in das Lötbad gebracht, können zu Eisen-Verschmutzung führen, die man an stark gelblicher Verfärbung der Badoberfläche schon bei relativ niedrigen Temperaturen erkennt, und die zu griesig-rauhen verzinnten Oberflächen führen kann.

Aus all dem ergeben sich nun die folgenden Regeln: Zum Abstreichen und zum Hantieren mit geschmolzenem Lot nimmt man nur Metalle oder Werkstoffe, die sich schwer oder am besten garnicht verzinnen lassen. Auf keinen Fall kadmierte oder verzinkte Bleche oder Spritzgußteile, vorsichtshalber auch kein Aluminium oder Weißblech, und Kupfer oder Messing nur wenn nichts anderes zur Hand ist. Stücke von Kupferdraht usw. sollen baldigst aus dem Bad herausgefischt werden.

Ist das Bad erst einmal so verunreinigt, daß sich die obengenannte Oxydhaut bildet, dann ist es am besten, man entleert das Bad, reinigt den Behälter sorgfältig von anhaftenden Metallresten und füllt ihn mit frischem Lot. Verzinnungen, welche mit verunreinigtem Lot hergestellt wurden, sind nämlich schlecht lötbar.

Merksatz:
Die Tauchverzinnung dient zum Lötbarmachen von "widerspenstigen" Oberflächen. Sie erfordert etwas mehr Geschick als die Kolbenlötung, ist aber für den Bastler eine wertvolle Hilfe. Tauchbäder müssen vor Verunreinigung durch Metalle, hauptsächlich Zink und Kadmium, geschützt werden.

2.8 Gute und schlechte Lötstellen

Die Qualität einer Lötstelle hängt von 2 Umständen ab: Zuerst davon, ob die Konstruktion die angeborenen Schwächen und Beschränkungen einer gelöteten Verbindung berücksichtigt hat, und zweitens natürlich davon, ob sie gut und fachgerecht gelötet wurde.

In Kap. 1.3 war davon die Rede, daß gelötete Verbindungen Scher-, Schub- und Zug-Belastungen zwar gut aushalten, daß sie aber durch eine Schäl-Belastung leicht auseinandergezogen werden können. Daraus ergeben sich logischerweise die in *Abb. 2.35* dargestellten Konstruktionsregeln. Zusammenfassend kann man sagen, daß der Bastler immer gut daran tut, daran zu denken, daß Lötverbindungen eigentlich nicht dazu da sind, um Lasten aufzunehmen oder Kräfte zu übertragen, sondern nur um Elektrizität oder Wärme zu leiten, oder um ein Volumen

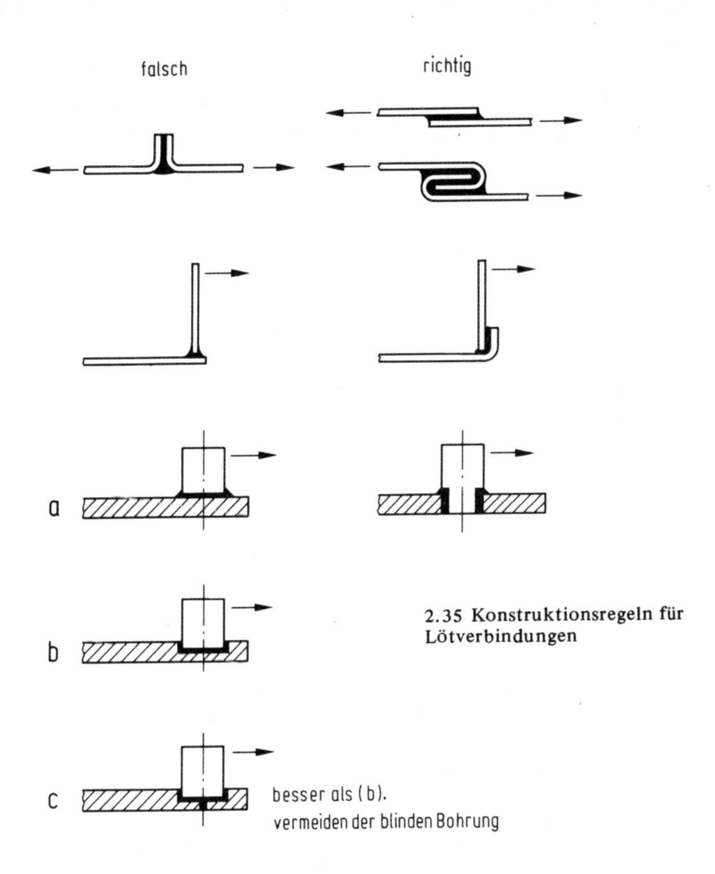

2.35 Konstruktionsregeln für Lötverbindungen

flüssigkeits- oder gas-dicht zu machen. Daß gelötete Nähte bei der Dosenherstellung oder im Kühlerbau trotz des oben Gesagten beträchtliche Belastungen aushalten, ist auf die konstruktive Besonderheit der Falznaht zurückzuführen (Abb. 2.28). Diese Naht sieht im Querschnitt wie ein flacher Doppelhaken aus, welcher die Last trägt. Das Lot sorgt nur dafür, daß sich die Verhakung nicht verformt und daß sie druckdicht bleibt.

Zur lötgerechten Konstruktion gehört es natürlich auch noch, daß sich die Lötstelle mit den Methoden, die dem Bastler zur Verfügung stehen, auch leicht löten läßt. Das heißt, die zu verlötenden Teile dürfen nicht zu schwer oder klobig sein, so daß man sie mit einem normalen Lötkolben erhitzen kann. Es sollte sich auch von selbst verstehen, daß die Lötstelle gut zugänglich ist, obwohl hier von Konstrukteuren oft fast Unmögliches verlangt wird.

Was das sachgerechte Löten anbelangt, so wurde in vorhergehenden Kapiteln schon genügend über die Vorreinigung gesprochen, und auch über die Wärmeverhältnisse beim Löten. Hier soll nur noch kurz auf die Gefahren der Überhitzung, des "Verbratens" einer Lötstelle eingegangen werden. Am Ende von Kap. 1.3 wurde die Mischkristall-Schicht, die sich zwischen Lot und Grundmetall bildet, beschrieben. Ihrer Natur nach ist diese Zwischenschicht zwar hart, aber spröde. Sie soll so dünn wie möglich bleiben, damit die Lötstelle eventuell eine gewisse Verformung aushalten kann ohne auseinander zu brechen.

Während des Lötens wächst die Mischkristall-Schicht weiter, so lange das Lot selbst im geschmolzenen Zustand ist. Laboriert man also lange an einer Lötstelle herum und schmilzt man sie immer wieder auf, so läuft man Gefahr, daß die Lötung spröde wird. Außerdem löst sich bei dem langen Flüssigbleiben des Lotes Kupfer in demselben auf, welches das Lot zähflüssig macht. Schließlich kann zu langes lokales Aufheizen einer Lötstelle auf einer Leiterplatte zum Abblättern des Leiterzuges von der Platte führen.

Wenn es sich darum handelt, eine Lötstelle zu korrigieren, entweder weil man mit dem Gelingen der Lötung nicht zufrieden ist oder weil man den falschen Teil eingelötet hat, so ist es ratsam, nach dem Entlöten überschüssiges Lot, welches nun durch Kupfer verunreinigt ist, mit einem sauberen Baumwoll- oder Leinenlappen abzuwischen. In der Industrie stehen eine Reihe von professionellen Entlötgeräten zur Verfügung, die meist auf dem Prinzip eines elektrischen Lötkolbens aufgebaut sind, der mit einer zusätzlichen Einrichtung zum Absaugen des wieder aufgeschmolzenen Lotes versehen ist *(Abb. 2.36)*.

Der Bastler hilft sich meistens mit einfacheren Mitteln. Handelt es sich um eine abgewinkelte Verlötung eines Anschluß-

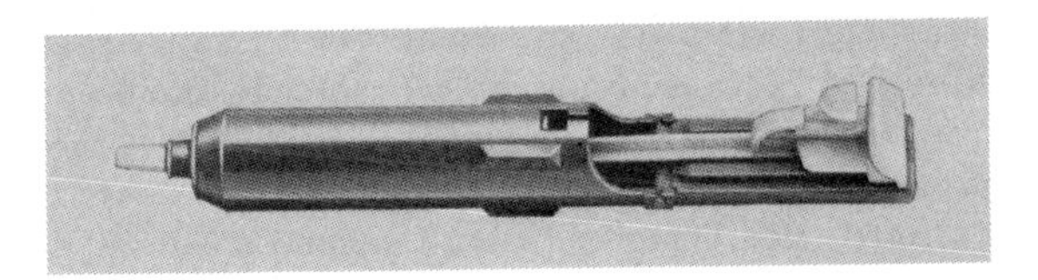

2.36 Entlötgerät (Photo Ersa)

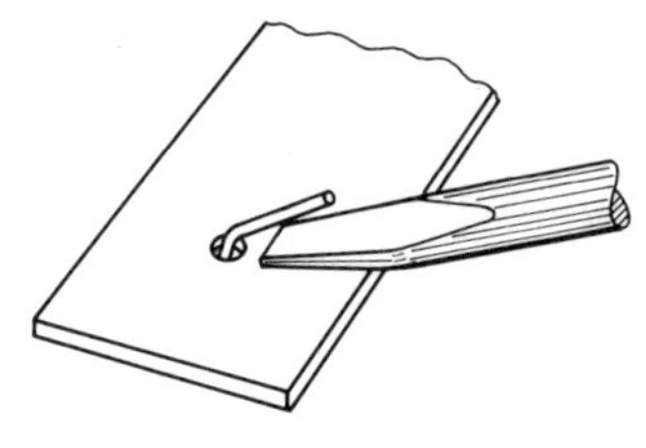

2.37 Entlöten mit meißelförmiger Lötspitze

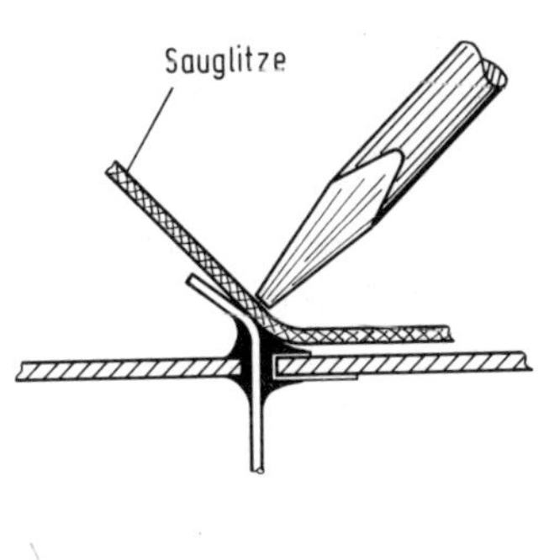

2.38 Entlöten mit Kupferlitze

2.39 Lötqualität und Benetzungswinkel

drahtes in einer Leiterplatte, so schiebt man die Spitze eines meißelförmigen Lötkolbens unter das Drahtende und biegt es mit der heißen Lötspitze wieder gerade, sobald das Lot geschmolzen ist *(Abb. 2.37)*. Sofort danach und bevor das Lot wieder erstarrt, zieht man das Leiterdrahtende aus der Bohrung. Eine große Hilfe bei dieser Arbeit ist die im Handel erhältliche Kupferlitze, die mit einem Flußmittel vorbehandelt ist und die das geschmolzene Lot wie Fließpapier in sich aufsaugt. Die Litze wird beim Gebrauch zwischen Lötkolben und Lötstelle gehalten *(Abb. 2.38)*. Das Arbeiten mit der Absauglitze hat den großen Vorteil, daß dabei auch das in der Bohrung sitzende Lot abgesaugt wird, was das nachfolgende Wiedereinlöten sehr erleichtert.

Und nun zum Abschluß: Woran erkennt man eine gute Lötstelle? Für die Industrie ist die Antwort auf diese Frage von größter Bedeutung, und das modernste Arsenal der Wissenschaft ist im Einsatz, um das unnötige Korrigieren von Lötstellen zu vermeiden, und um die Qualität und die Lebenserwartung der Millionen von Lötstellen, die täglich erstellt werden, zu beurteilen. Für den Bastler ist die Antwort einfach: Die gute Lötstelle erkennt man an ihrem Aussehen.

Wichtig ist vor allem der Benetzungswinkel zwischen Lot und Grundmetall an der Stelle, wo die Lötung ansetzt. Er soll flach verlaufen und darf auf keinen Fall einen stumpfen Winkel bilden *(Abb. 2.39)*. Auf der Lötung selbst darf nicht zuviel Lot sitzen, denn überschüssiges Lot verdeckt den Benetzungswinkel. Außerdem ist eine "fette Lötstelle" oft ein Zeichen dafür, daß die Löttemperatur zu niedrig und das Lot nicht flüssig genug war. Eine "magere Lötstelle", durch deren Oberfläche die Konturen der verlöteten Drähte noch sichtbar sind, ist am besten.

Natürlich soll die Oberfläche des erstarrten Lotes glatt und ohne Blasen oder gar Risse sein. Hat man Lot mit 60 % Zinn verwendet, so sollte die Lotoberfläche glänzen. Ein mattes, sandiges Aussehen ist oft ein Zeichen, daß man zu lang an der Lötung herumgeschmort hat, so daß sich Kupfer vom Draht oder von der Plattenkaschierung im Lot aufgelöst hat.

Hat man mit Lötdraht mit Harzseele gearbeitet, so ist ein gewisser Rückstand von Harzflußmittel auf der Lötstelle unvermeidlich. Dieser Rückstand ist von glasartiger gelber Farbe und sollte klar und durchsichtig sein. Ist er verkohlt und dunkelbraun oder schwarz, so kann dies auch ein Zeichen sein, daß man zu lange zur Lötung gebraucht hat, oder daß der Lötkolben vor Beginn der Arbeit ungenügend gereinigt wurde.

Merksatz:
Zu lange an einer Lötstelle zu laborieren oder korrigieren schadet nur.
Das Aussehen der fertigen Lötung ist die beste Qualitätskontrolle: Ist sie sauber, "mager", und zeigt sie einen flachen Benetzungswinkel, dann ist sie höchstwahrscheinlich auch gut.

3 Werkstoffe und Arbeitsplatz

3.1 Lote

In den Kapiteln 1.2 und 1.3 war schon von den Loten, die für den Elektrobastler am wichtigsten sind, die Rede. Auch wurde schon erwähnt, daß die deutsche Industrienorm DIN 1707 die Zusammensetzung und die Eigenschaften aller in der Industrie gebräuchlichen Lote zusammenfaßt und festlegt. Das Normblatt enthält 23 Varianten der klassischen Blei-Zinnlote und außerdem noch 19 Sonderlote, die entweder besondere Legierungszusätze enthalten oder aber teils nur auf Blei, oder nur auf Zinn aufgebaut sind. Die weite Auswahl ist bedingt durch die Vielzahl der Aufgaben, welche die lot-verarbeitende Industrie, d.h. die Elektrotechnik, der Kühlerbau, der Gerätebau unter vielen anderen, zu bewältigen hat. Der Bastler kommt mit weitaus weniger aus wie die folgende Tabelle zeigt:

Auszug aus DIN 1707 Weichlote für Schwermetalle

Kurzzeichen	Zusammensetzung				Schmelzbereich	
	Zinn	Blei	Antimon	Sonstiges	Liquidus	Solidus
	%	%	%	%	°C	°C
L-Sn50Pb	50	50	–	–	183°	215°
L-Sn60Pb	60	40	–	–	183°	190°
L-SnSb5	95	–	5	–	230°	240°
L-SnAg5	95	–	–	5 Silber	220°	240°
L-PbAg3	1	96	–	3 Silber	304°	305°
L-SnPbCd18	50	32	–	18 Kadm.	145°	145°

Die Lote mit 50 % und 60 % Zinn eignen sich am besten zum Handlöten mit dem Kolben. Das Lot mit 50 % Zinn ist zwar etwas billiger, jedoch bedingen sein längeres Schmelzintervall und seine höhere Liquidus Temperatur nicht nur einen heißeren Lötkolben, sondern auch etwas mehr Geschick, um gut aussehende Lötstellen zu erzielen. Dem Anfänger ist deshalb auf jeden Fall geraten, mit 60%igem Lot zu arbeiten.

Zum Kolbenlöten benützt der Bastler am besten sein Lot in Form von Draht mit Harzseele; Drahtdicken von 1 mm oder 1,5 mm sind für ihn am handlichsten. Die im Handel erhältlichen Lötdrähte mit dem DIN-Zeichen enthalten Harzflußmittel, welche für Elektroarbeiten garantiert unschädlich sind, d.h. der Flußmittelrückstand verursacht weder Korrosion noch störende Kriechströme.

Für Verzinnungsarbeiten, bei welchen die Anwendung von Harzflußmitteln störend wirken kann, besorgt man sich am besten etwas Stangenlot, auch wieder mit 60 % Zinn-Gehalt. Nicht nur läßt es sich damit am leichtesten arbeiten, dieses Lot ergibt auch glatte, glänzende Überzüge.

Die Sonderlote unterscheiden sich von den Normalloten hauptsächlich durch ihren Schmelzpunkt. Dem Bastler können sie dann nützen, wenn er in nächster Nähe einer Lötung noch eine zweite auszuführen hat und wenn er vermeiden will, daß dabei die erste Lötung wieder aufschmilzt. Das kann mitunter beim Modellbau vorkommen, seltener allerdings beim Verlöten von Schaltungen. Bei letzteren geht die Lötung so schnell vor sich und die Wärmeleitung in einer Leiterplatte ist genügend niedrig, so daß man ein Entlöten benachbarter Verbindungen, z.B. beim Korrigieren einer schlechten Lötstelle, nicht zu befürchten braucht.

Bei dem sogenannten Sequenzlöten benützt man zum Löten der zweiten Verbindung eine Legierung mit niedrigerem Schmelzpunkt als bei der ersten. Entweder nimmt man also zur ersten Lötung ein Sonderlot mit hohem Schmelzpunkt und zur zweiten ein normales Lot, oder aber, wenn die erste Lötung mit Normallot ausgeführt war, benützt man ein niedrig schmelzendes Sonderlot zur zweiten. Von den verschiedenen hoch schmelzenden Loten ist die Legierung L-SnSb5 für den Bastler leichter zu handhaben als die Legierung L-PbAg3, und sie ist auf jeden Fall billiger als die Zinn-Silberlegierung L-SnAg5.

Unter den niedrig schmelzenden Legierungen arbeitet es sich am leichtesten mit dem Lot L-SnPbCd18 (Zinn-Blei-Kadmium, Schmelztemperatur 145°), auch gibt es die besten und saubersten Verbindungen. Sämtliche obengenannten Sonderlote lassen sich mit normalen Flußmitteln verarbeiten.

Zum Sequenzlöten gehört etwas Geschick und Erfahrung, und man übt sich am besten erst an einigen einfachen Werkstücken, ehe man beim Modellbau eine sorgsam hergestellte Lötung durch ungeschicktes Sequenzlöten in Gefahr bringt.

Vor und nach dem Arbeiten mit Sonderloten ist selbstverständlich der Lötkolben sorgfältig von noch anhaftendem Lot zu reinigen. Eine geringe Verzinnung läßt sich zwar oft nicht völlig entfernen, ohne z.B. bei veredelten Dauerlötspitzen die Beschichtung zu verletzen. Man hilft sich, indem man vor dem Weiterlöten mit einem anderen Lot die Lötspitze mit demselben sozusagen abwäscht, d.h. die Lötspitze mit ihm vorverzinnt und dann wieder abwischt, bevor man zur eigentlichen Lötung schreitet.

Der Grund zu dieser Vorsichtsmaßregel erklärt sich aus den Ausführungen am Ende von Kapitel 2.7, wo über die Auswirkung von Verunreinigungen im Lot die Rede war. Besonders muß man sich davor hüten, nach dem Löten mit dem Kadmium-haltigen Sonderlot L-SnPbCd18 Kadmium in normale Lötstellen zu verschleppen. Hier ist allerdings ein gewisser Widerspruch aufzuklären. Das Sonderlot enthält ja einen ganz massiven Kadmiumgehalt, und laut Kapitel 2.7 soll Kadmium schon in geringsten Spuren schädlich sein. Das ist auch so, doch zeigt es sich, daß bei Loten, die größere Mengen von Kadmium als Legierungspartner enthalten, die Hautbildung auf dem geschmolzenen Lot zwar spürbar ist, aber nicht so störend wirkt wie bei ganz niedrigen Kadmium-Gehalten, besonders nicht bei der Kolbenlötung.

Merksatz:
Der Bastler kommt mit wenig Lotsorten aus. Der Anfänger arbeitet am besten überhaupt nur mit 60 %igem Lot. Sonderlote mit speziellen Schmelzpunkten sind in erster Linie für den erfahrenen Bastler und Modellbauer von Nutzen.

3.2 Flußmittel

In den Kap. 1.7 und 1.8 war schon von den Flußmitteln, ihrer Aufgabe und ihrer Zusammensetzung die Rede. Hier soll nur noch kurz die Wahl des für einen gegebenen Zweck geeigneten Flußmittels erörtert werden.

Wie schon in Kap. 1.8 gesagt wurde, ist das im Lötdraht mit Harzseele enthaltene Harzflußmittel für alle Arbeiten auf elektrischem und elektronischen Gebiet völlig geeignet. Auch ist es genügend wirksam, um die Lötbarkeitsprobleme, die man bei derartigen Arbeiten zu erwarten hat, leicht zu bewältigen. Dasselbe Harz ist als Lösung im Alkohol oder als zähflüssige Paste (Löthonig) auch gesondert im Fachhandel erhältlich. Man verwendet Harzflußmittel in dieser Form zusätzlich zum harzgefüllten Lötdraht überall da, wo man zweifeln kann, ob die im Draht vorhandene Menge von Flußmitteln auch ausreicht, um die zu verlötende Oberfläche zu bedecken, bevor das geschmolzene Lot in der Lötfuge ankommt.

Eine derartige Situation ist vor allem dann gegeben, wenn man breite Fugen verlöten will (Abb. 2.27) und nach dem Löten nicht nachreinigen kann. Hier bringt man Löthonig oder Harzlösung auf die Fugenoberflächen, bevor die Teile zusammengefügt werden, ober man versieht den Fugeneingang mit Flußmittel, welches bei dem nachherigen Erwärmen vor dem Lot in die Fuge einfließt. Der Rückstand von Harzflußmitteln kann ohne Bedenken auf der Lötstelle belassen werden. Beide Arten von Harzflußmitteln können bei überlanger Lagerung austrocknen. Löthonig verhält sich in dieser Hinsicht besser. Auch ist er einfacher zu handhaben. Man kann ihn mit dem sauberen Ende eines Streichholzes auftragen. Pinsel, mit denen man Harzlösung aufgebracht hat, müssen baldigst mit Spiritus oder Terpentin gereinigt werden.

Sogenannte Lötcreme enthält außer einem zähflüssigen Harzflußmittel auch Lot in Form von feinem Pulver oder Staub. Derartige Lötcremes sind hauptsächlich in der Industrie für Feinlötungen gedacht, und sie kommen für den Bastler weniger in Frage. Harzflußmittel sind klebrig, jedoch ist es nicht ratsam, nach der Arbeit die Hände mit Spiritus oder Terpentin zu reinigen, weil dies für die Haut schädlich ist. Seife ist wenig wirksam, jedoch sind die in Drogerien erhältlichen Handreinigungsmittel ohne weiteres zu gebrauchen.

Von chlorzinkhaltigem Lötwasser und Lötfett war schon eingehend die Rede. Man verwendet diese Flußmittel auf Stahlblech, Weißblech, verzinktem oder kadmiertem Stahl und ähnlichen Werkstoffen. Auch wurde schon erwähnt, daß der Rückstand dieser Flußmittel nach dem Löten entfernt werden muß. Die Haltbarkeit von Lötwasser und Lötfett ist unbegrenzt.

Nach dem Arbeiten mit diesen Flußmitteln sollte man sich baldigst die Hände waschen. Seife ist zu ihrer Entfernung unnütz, weil sie mit Chlorzink eine wasserunlösliche Verbindung bildet. Handreinigungsmittel sind auch hier geraten.

Hier soll nocheinmal betont werden, daß Harzflußmittel und chlorzinkhaltige Flußmittel sich nicht miteinander vertragen (Kap. 2.5). Die einen verstärken nicht die Wirkung der anderen, sondern sie stören sich nur gegenseitig. Auch bilden sie miteinander einen klebrigen, schwer zu entfernenden Rückstand. Man sollte sie deshalb nie zusammen benützen oder gar mischen.

Wie für Lote, so gibt es auch für Flußmittel ein Industrienormblatt, DIN 8511. Blatt 2 dieser Norm befaßt sich mit den Flußmitteln zum Weichlöten von Schwermetallen. In diesem Zusammenhang bedeutet "Weichlöten" das Löten mit Zinn-Blei-Loten, und unter "Schwermetallen" versteht man alle Metalle außer den Leichtmetallen, d.h. den Legierungen auf Aluminium- und Magnesiumbasis. Das Normblatt teilt dies Flußmittel in zehn Klassen ein. Für den Elektrobastler kommen davon unter normalen Umständen nur vier in Frage, die in folgendem Auszug von DIN 8511 aufgeführt sind.

Merksatz:
Ein gutes Flußmittel ist zum erfolgreichen Löten unerläßlich. In den meisten Situationen kommt der Elektrobastler mit dem im Lötdraht enthaltenen Harzflußmittel aus. Greift er zu den chlorzinkhaltigen Flußmitteln, dann muß er gewisse Vorsichtsmaßregeln befolgen.

Auszug aus DIN 8511, Blatt 2
Flußmittel zum Weichlöten von Schwermetallen

Kurzbezeichnung	Beschreibung
F-SW 12	Enthält Zinkchlorür. In Form von Lötwasser, Lötsalz oder Lötpulver. Rückstand muß entfernt werden.
F-SW 21	Enthält Zinkchlorür. In Form von Lötlösung, Lötfett oder Lötcreme. Rückstand muß entfernt werden.
F-SW 26 F-SW 32	Harzflußmittel mit Aktivator-Zusatz (Halogen-, z.B. chlorhaltig bei SW 26, halogenfrei bei SW 32). In Form von Lötdrahtfüllung, Lötlösung oder Lötcreme.

3.3 Der Arbeitsplatz

Es lötet sich leichter im Sitzen als im Stehen, und so genügt im Grunde genommen jeder feste Tisch als Arbeitsplatz. Meist wird der Bastler ja an diesem Tisch nicht nur löten, sondern auch seine anderen Arbeiten verrichten, wie Bestücken, Verdrahten, Prüfen, Messen oder was immer sonst noch zu seinem Aufgabengebiet gehört. Er sollte jedoch einen bestimmten Teil dieser Arbeitsfläche für das Lötgerät und den Lötvorgang reservieren.

Spezifisch auf das Löten abgestimmt gelten die folgenden Ratschläge:

Von einer metallenen oder Blechunterlage für den Lötplatz ist abzuraten. Vor allem hüte man sich vor verzinktem Blech; denn Zink wirkt fatal auf das Fließvermögen des Lotes (s. Kap. 2.7). Holz oder Kunststoff sind ohne weiteres brauchbar, solange

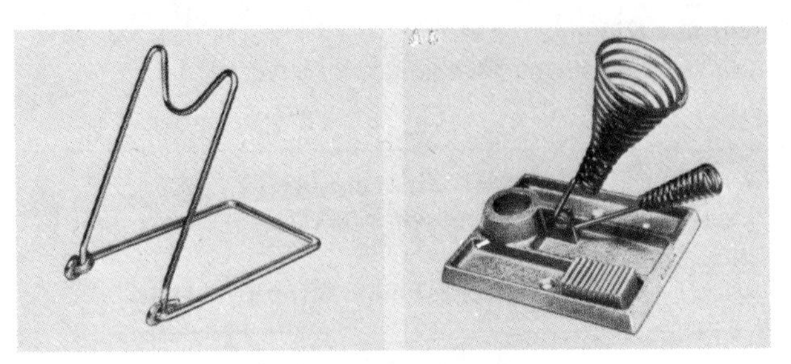

3.1 Kolbenablage (Photo Ersa)

man einen Lötkolben mit Ablage benützt. Als Unterlage zum Kolbenlöten ist Hartasbest am besten.

Auf keinen Fall gehören Lötfett, Lötwasser und Ätzsäuren auf denselben Arbeitsplatz, auf dem elektrische Geräte gebaut und gelötet werden. Befaßt man sich außer mit Elektronik auch noch mit Modellbau, so sollte man Elektrolöten und die allgemeine Klempnerei strikt voneinander getrennt halten. Wenn möglich, sollte man auch getrennte Lötkolben verwenden. Wie schon erwähnt, können Spritzer von Lötwasser oder Lötfett äußerst störend in einer elektrischen Schaltung wirken.

Das Löten mit dem elektrischen Lötkolben ist im Grunde nicht feuergefährlich. Auf jeden Fall aber sollte man sich als absolut eiserne Regel jedoch angewöhnen, immer den Stecker zu ziehen, bevor man vom Arbeitsplatz aufsteht.

Und schließlich noch – auch der geübteste Löter verbrennt sich hie und da den Finger. Brandsalbe in der Schublade hat noch nie geschadet.

Eine richtige Ablage für den Lötkolben zu benützen ist wichtig. Zweckmäßige Ablagen sind im Handel erhältlich und sollten auch dann benützt werden, wenn man einen Kolben hat, dessen Griff so ausgebildet ist, daß die Spitze nicht mit der Tischoberfläche in Berührung kommen kann, wenn man ihn flach legt *(Abb. 3.1)*. Man soll sich daran gewöhnen, nach jeder Lötung den Kolben wieder in die Ablage einzustecken oder aufzulegen. Dadurch schützt man sich davor, in der Eile oder unbedacht den Kolben irgendwo abzulegen, wo er Schaden anrichten kann. Außerdem sind die meisten Ablagen so konstruiert, daß der Kolben gegen unnötigen Wärmeverlust geschützt ist, daß aber andererseits keine Wärmestauung und dadurch Überhitzung eintreten kann.

Zugluft am Arbeitsplatz kann erstaunlich kühlend wirken und man soll sehr darauf achten, daß bei offenem Fenster auf keinen Fall Zugluft über den Lötplatz streicht. Es handelt sich ja beim Löten um sehr präzis definierte Wärmeverhältnisse, die nicht gestört werden dürfen.

Merksatz:
Am Lötplatz, wie bei jeder anderen Handarbeit, soll ein jedes Ding und Werkzeug seinen ihm eigenen Platz haben. Das gilt besonders für den heißen Lötkolben. Außerdem, man soll nie in Zugluft löten.

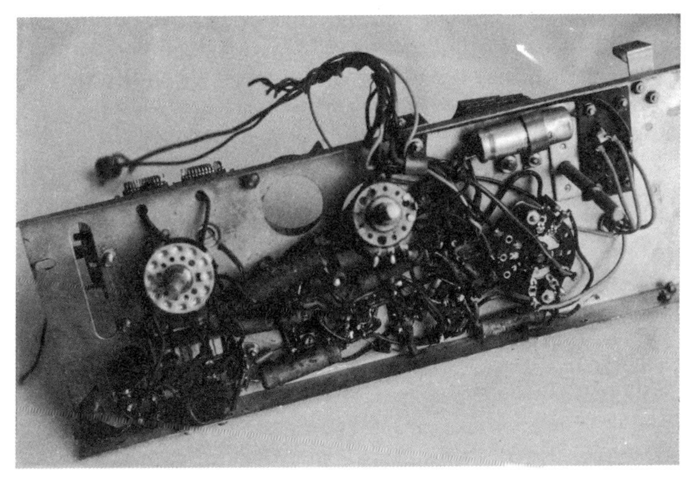

3.2 Verdrahtung eines Radiogerätes 1930
(Mit freundlicher Genehmigung der Firma Fry's Metals Ltd., GB-London)

4 Schlußwort

Das Löten in der Industrie

Zu Ende von Kapitel 1.4 war kurz von der maschinellen Massenlötung in der elektronischen Industrie die Rede. Den Bastler mag es vielleicht interessieren, worum es sich hier handelt, und wie es die "Großen" machen.

Eine der Hauptaufgaben der elektronischen Industrie ist es, Bauteile wie Transistoren, Widerstände, Kondensatoren usw. leitend miteinander zu verbinden. In den dreißiger Jahren, in den Tagen der thermo-ionischen Radioröhre, als sich die Elektronik hauptsächlich auf die Nachrichtentechnik und auf wissenschaftliche Geräte beschränkte, beruhte die Verbindungstechnik auf Verdrahtung, meist in Handarbeit erstellt, und auf unzähligen Lötstellen, alle einzeln mit dem Kolben gelötet *(Abb. 3.2)*. Das explosionsartige Wachstum der elektronischen Industie seit den späten vierziger Jahren, und die technologischen Fortschritte im Nachrichtenwesen und der elektronischen Datenverarbeitung wurden im wesentlichen durch zwei Erfindungen ermöglicht: Die gedruckte Schaltung, erfunden von Dr. Paul Eisler, 1943 in London, und der Transistor, erfunden von Dr. William Shockley, Dr. John Bardeen und Dr. Walter H. Brattain im Jahre 1948.

Die gedruckte Schaltung ersetzte das dreidimensionale "Vogelnest" der Verdrahtung, welches sich maschinell nicht verlöten ließ, durch ein zweidimensionales Muster von Leiterzügen, bei dem alle Lötstellen in einer Ebene liegen *(Abb. 3.3)*. Erst dadurch wurde die Massenlötung von elektronischen Schaltungen möglich. Der Transistor ersetzte die Radioröhre mit ihrem großen Platzbedarf, ihrem hohen Stromverbrauch und der damit verbundenen hohen Wärmeentwicklung. Der Transistor seinerseits ermöglichte die Miniaturisierung und die Entwicklung der integrierten Schaltkreise in den sechziger und siebziger Jahren.

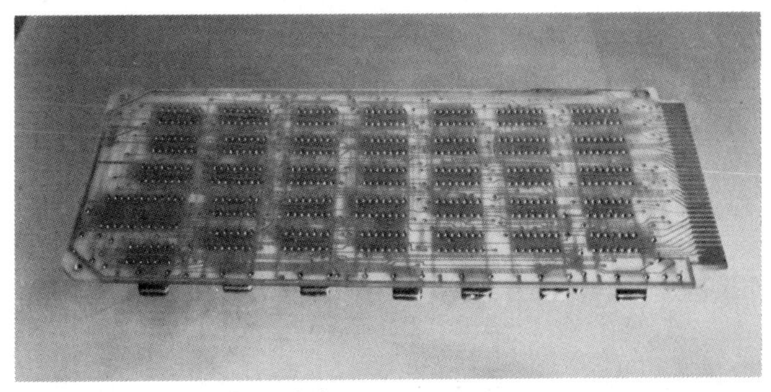

3.3 Bestückte gedruckte Schaltung
(Mit freundlicher Genehmigung der Firma Fry's Metals Ltd., GB-London)

In den letzten Jahrzehnten haben sich in der elektronischen Industrie eine Reihe von mehr oder minder klar definierten Spezialgebieten herauskristallisiert: Die Unterhaltungsindustrie (Radio, Fernsehen, Hi-Fi), das Nachrichten- und Verkehrswesen (Telefon, Funk und Rundfunk, Radar), Rechner und Datenverarbeitung, Steuer- und Regeltechnik, und das weite Gebiet der militärischen Elektronik, welches seinerseits fast alle vorhergehenden Fachgebiete in sich einschließt. Die Größe, Art und Beschaffenheit der Leiterplatten, wie auch der Bauteile, die in den verschiedenen Zweigen der elektronischen Industrie verarbeitet werden, haben sich in den letzten Jahren von Branche zu Branche sehr spezialisiert. Eines haben jedoch alle Betriebe noch gemeinsam: in ihrem Mittelpunkt steht das Bestücken und das Verlöten der Leiterplatten. Die Herstellung der Bauteile selbst liegt zum großen Teil in den Händen von Spezialfirmen. Die Leiterplatten andererseits werden oft von der elektronischen Industrie selbst im Hause erstellt, obwohl es auch hier eine Reihe von Spezialherstellern gibt.

Das Bestücken ist meist noch Handarbeit, obwohl ein moderner Bestückungstisch oft ganz anders aussieht als die Werkbank eines Bastlers. Lichtpunkte zeigen die Bohrungen an, in die die Anschlußdrähte des Bauteiles gehören, der eben aus einer gleichzeitig angeleuchteten Schachtel genommen wurde,

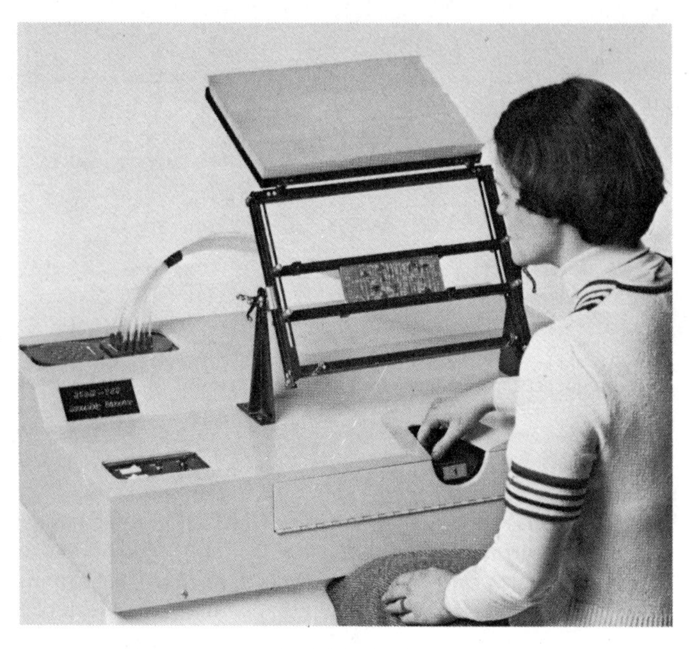

3.4 Bestückungstisch (Photo Eletrautom)

oder der durch Automatik gesteuert unter einer sich öffnenden Entnahmestation wartet *(Abb. 3.4).* Handelt es sich um Platten mit hoher Bestückungsdichte und mit vielen identischen oder ähnlichen Bauteilen, wie es bei der Herstellung von Rechnern vorkommt, so können Bestückungsautomaten eingesetzt werden mit Leistungen von Hunderten von Bauteilen pro Minute.

Zum Löten der bestückten Leiterplatten benützt die Industrie eine Abart der Tauchlötung. Nachdem alle zu verlötenden Verbindungen in einer Ebene, auf der Unterseite der Leiterplatte liegen, ist es offenbar gegeben, diese Fläche mit der Oberfläche eines Lotbades in Berührung zu bringen. Einfaches Absenken *(Abb. 3.5)* hat sich als nicht gangbar herausgestellt, weil dabei

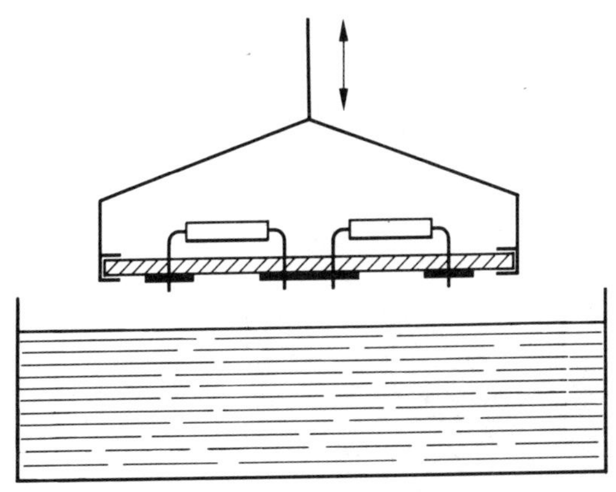

3.5 Vertikale Tauchlötung

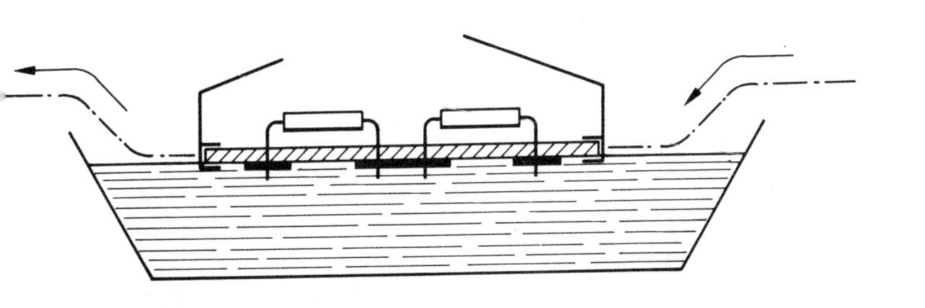

Prinzip der Schlepplötung

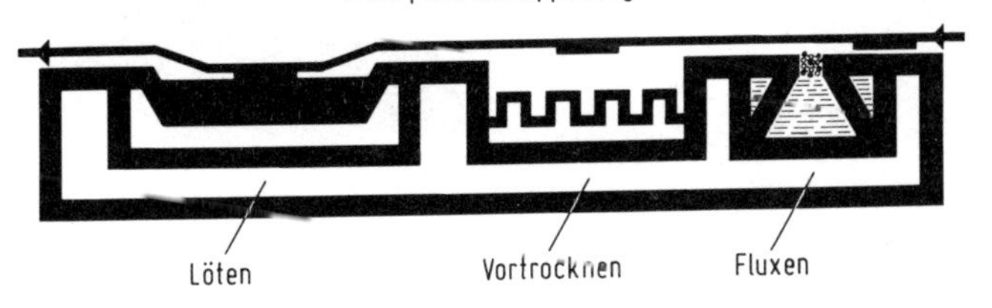

3.6 Schlepplöten

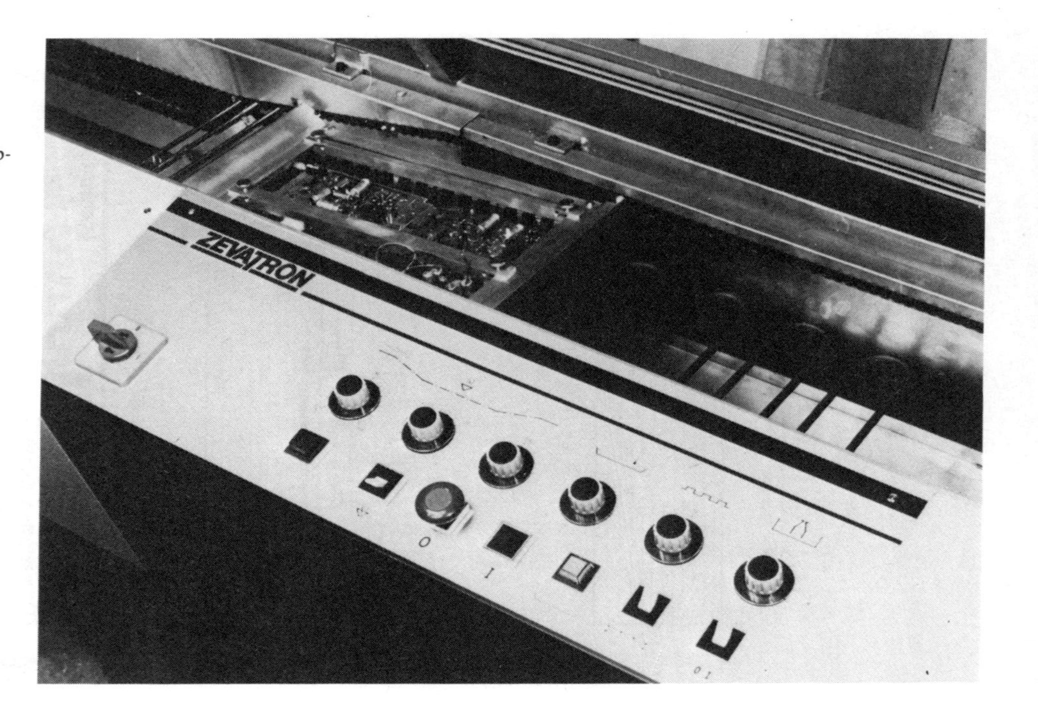

3.7 Schlepp-lötanlage (Photo Zevatron)

das Flußmittel, welches auf der Unterseite der Platte sitzt, beim Eintauchen nicht verdampfen kann, und weil beim Abheben nach dem Löten das abfließende Lot in langen Eiszapfen und Brücken unter der Platte hängen bleibt.

Zwei Methoden, die diesem Abhilfe schaffen, haben sich eingebürgert. Bei der Schlepplötung *(Abb. 3.6, 3.7)* wird die bestückte Platte in einer geeigneten Haltevorrichtung in sanftem Winkel auf die Badoberfläche aufgelegt. Sie gleitet dann eine kurze Strecke horizontal über den Lotspiegel und wird dann in ebenso sanftem Winkel wieder abgehoben. Bei der Wellenlötung bewegt sich die Platte auf einem Transportband in gerader Linie, entweder horizontal oder in leicht ansteigendem Winkel. An Stelle der nach unten abgewinkelten Plattenführung ist hier die Oberfläche des Lotbades nach oben angehoben, indem man das geschmolzene Lot durch eine in der Mitte des Lotbehälters angebrachte Düse nach oben pumpt *(Abb. 3.8, 3.9)*. Die Platte bewegt sich geradlinig durch den Kamm dieser sogenannten Lötwelle.

Beide Lötmethoden ermöglichen das kontinuierliche Löten von Leiterplatten, mit Transportband-Geschwindigkeiten von mehreren Metern pro Minute. Das bedeutet, daß auf einer Anlage, je nach der Art der Platten und der Dichte der Bestükkung, die Anzahl der pro Minute gelöteten Verbindungen mehrere Tausend betragen kann. Die in der gesamten Industrie pro Tag erstellten Lötstellen gehen in die Millionen. In der Tat kann man hier vom Massenlöten reden.

Ein weiter Schritt vom bedächtigen Hantieren des Bastlers? Ja und nein. Die Prinzipien sind genau dieselben. Sorgsamste Vorbereitung der Leiterbahnen, Bohrungen und Anschlußdrähte, Gestaltung der Lötstelle, Temperaturkontrolle beim Löten, Reinheit des Lötbades, Abkühlen, Nachreinigen – nichts was bei der industriellen Lötung eine Rolle spielt, sollte dem Leser dieses Buches, der bis hierher, ohne etwas zu überschlagen, gekommen ist, eine Überraschung oder ein Rätsel sein. Vielleicht fühlt er sich bewogen, einmal einer Lötstraße in einem Herstellungswerk der Elektronik einen Besuch abzustatten. Er wird sich fast wie zuhause fühlen.

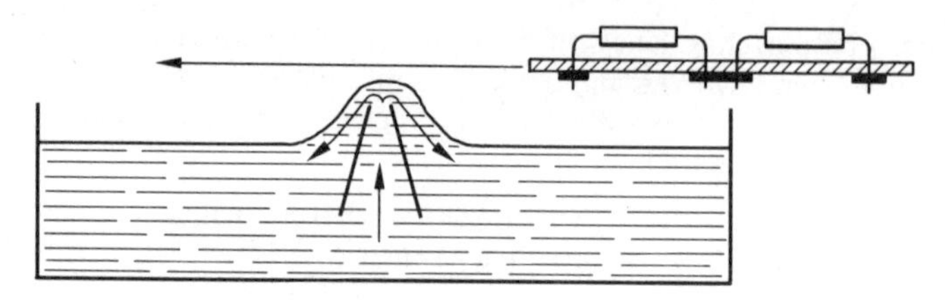

3.8 Wellenlöten

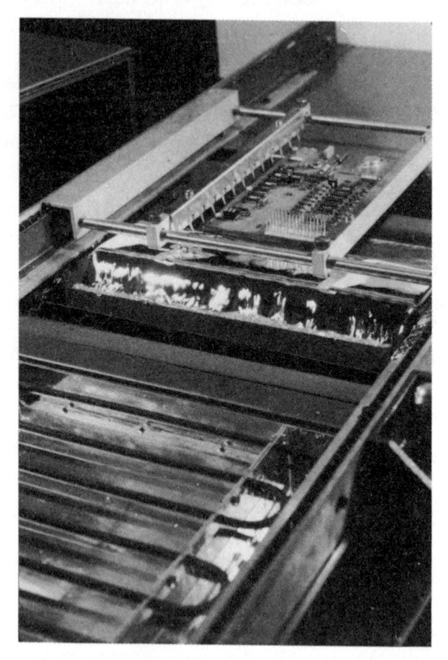

3.9 Wellenlötanlage (Photo Ersa)

Sachverzeichnis

Weitere RPB-electronic-taschenbücher

RPB 4

Der Hobby-Elektroniker lernt messen.
Mit richtigen Meßmethoden dem Fehler auf die Schliche kommen. Von Ing. Dieter Nührmann. – Zweifachband. DM 7.80.

ISBN 3-7723-0042-1

RPB 16

Widerstandskunde für Radio-Praktiker.
Die Festwiderstände in Berechnung und Anwendung. Von Dipl.-Ing. Georg Hoffmeister. – Dreifachband. DM 9.80.

ISBN 3-7723-0167-3

RPB 40

Fachwörter der Elektronik. Heiße Definitionen neuester Elektronik-Begriffe. Von Ing. Georg Franz. – Einfachband. DM 4.80

ISBN 3-7723-0402-8

RPB 54

Schaltalgebra im Experiment. Mit Hilfe eines selbstgebauten Funktionstabellengebers und eines Oszillografen logische Verknüpfungen ermitteln, erfassen und auswerten. Von Dipl.-Phys. Johannes Kleemann. – Dreifachband. DM 9.80.

ISBN 3-7723-0541-5

RPB 64

Einführung in die Operationsverstärker-Technik. Ein Wegweiser, Aufbau, Arbeitsweise und Eigenschaften der Operationsverstärker besser zu verstehen. Von Ing. Dieter Hirschmann. – Zweifachband. DM 7.80.

ISBN 3-7723-0642-X

RPB 65

Operationsverstärker-Anwendung. Ein Wegweiser zur Verwirklichung eigener Ideen mit dem „Bauelement" Operationsverstärker. Von Ing. Dieter Hirschmann. – Dreifachband. DM 9.80.

ISBN 3-7723-0652-7

RPB 73

Wie liest man eine Schaltung? Methodisches Lesen und Auswerten von Schaltunterlagen. Von Dietmar Benda. – Zweifachband. DM 7.80.

ISBN 3-7723-0731-0

RPB 82

Was ist ein Mikroprozessor? Über die Arbeitsweise, Programmierung und Anwendung von Mikrocomputern. Von Horst Pelka. – Zweifachband. DM 7.80.

ISBN 3-7723-0823-6

Franzis-Verlag, München